荧光分析方法原理及其应用研究

温 维 著

吉林科学技术出版社

图书在版编目(CIP)数据

荧光分析方法原理及其应用研究 / 温维著. --长春：
吉林科学技术出版社，2022.9
ISBN 978-7-5578-9730-7

Ⅰ.①荧… Ⅱ.①温… Ⅲ.①荧光分析－研究 Ⅳ.
①O482.31

中国版本图书馆 CIP 数据核字(2022)第 178108 号

荧光分析方法原理及其应用研究

著	温 维
出 版 人	宛 霞
责任编辑	刘 畅
封面设计	李若冰
制 版	北京星月纬图文化传播有限责任公司
幅面尺寸	170mm×240mm
字 数	161 千字
印 张	9.5
印 数	1-1500 册
版 次	2022年9月第1版
印 次	2023年3月第1次印刷

出 版	吉林科学技术出版社
发 行	吉林科学技术出版社
地 址	长春市福祉大路5788号
邮 编	130118
发行部电话/传真	0431-81629529 81629530 81629531
	81629532 81629533 81629534
储运部电话	0431-86059116
编辑部电话	0431-81629518
印 刷	三河市嵩川印刷有限公司

书 号	ISBN 978-7-5578-9730-7
定 价	70.00元

作者简介

  温维，男，汉族，1989 年 10 月出生，山西省大同市人。2011 年 9 月至 2016 年 6 月，兰州大学功能有机分子化学国家重点实验室硕博连读，并获得有机化学专业理学博士学位。2016 年 7 月至 2017 年 7 月，任康龙化成（北京）新药技术有限公司高级研究员，主要从事针对 Buchwald－Hartwig 芳胺化反应的合成研究工作。2018 年 9 月至今，就职于忻州师范学院。专业研究方向：有机合成、有机小分子发光材料的合成及其应用。主要研究兴趣：有机生物荧光探针、有机发光材料、光动力治疗。

前　言

　　荧光分析法在生命科学、环境科学、材料科学、食品科学、公安情报及工农业生产等诸多领域中的应用日益广泛,其原因在于荧光分析法具有灵敏度高、线性范围宽及可供选择的参数多而有利于提高方法的选择性等优点。荧光分析法已经发展成为一种十分重要且有效的光谱化学分析手段,正在并将继续在有关的领域发挥其应有的作用。荧光光谱还可以检测一些紫外-可见吸收光谱检测不到的时间过程。紫外和可见荧光涉及的有电子能级之间的跃迁,荧光产生包括两个过程:吸收及随之而来的发射。由于荧光有一定的寿命,因此可以检测一些时间过程与其寿命相当的过程。有机化合物常因其荧光谱带宽阔、相互重叠而不易被识别,自从发现在适当溶剂中和在低温条件下可呈现尖锐谱线的低温荧光法以及其后固体表面荧光法的建立,从而使这方面的工作大有改善。采用同步荧光法可使谱带众多的光谱简化和使谱带宽度窄化,以减少或消除谱带重叠现象,并可删除拉曼、瑞利散射光的干扰。同步荧光法、导数荧光法及三维荧光技术的使用,可使复杂混合物的组分易于识别和测定。

　　本书从荧光分析的原理入手,对荧光与分子结构的关系、荧光分析的环境影响因素进行了分析论述;对原子荧光光谱分析原理及其应用、X射线荧光光谱分析法及其应用做了一定的研究;还对同步荧光分析法及其应用、低温荧光分析法及其应用、动力学荧光分析法及其应用和三维荧光光谱分析法及其应用做了简要探讨,旨在摸索出一条适合荧光分析工作的科学道路,帮助其工作者在应用中少走弯路,运用科学方法,提高效率。

　　本书在撰写过程中,参阅、借鉴和引用了国内外许多同行的观点和成果。各位同人的研究奠定了本书的学术基础,为荧光分析方法原理及其应用研究的展开提供了理论依据,在此一并表示感谢。另外,受水平和时间所限,书中难免有疏漏和不当之处,敬请读者批评指正。

目　　录

第一章　荧光分析导论

第一节　荧光的发光原理与色素性质

一、荧光的发光原理

物质的原子是由原子核和电子层构成的。不同的原子含有不同数量的电子、电子层,电子是在不停地运动着的。根据量子理论,运动着的电子可以处于一系列不连续的能量状态(即能级)中,电子遵守一定的规则,可以从一个能级向另一个能级跃迁,并伴随着与能级差相对应的特定能量的吸收或释放。一般情况下,电子总是处于能量最低的能级(即基态),在一定条件下,电子可吸收能量(如光能、热能、电能、机械能等)跃迁到较高能级(即激发态),这个过程叫激发。处于激发态的电子是不稳定的,它总是要跃迁回到基态,并将多余的能量释放出去。跃迁方式可能是辐射跃迁,也可能是非辐射跃迁。以非辐射跃迁方式跃迁时,能量大多转化成热能,而以辐射方式跃迁时,能量转化成相应波长的光,这个过程叫发射。

跃迁到激发态的电子,大多处于单重激发态。由于单重激发态很不稳定,半衰期很短,因此电子直接由单重激发态的最低振动能级下降到基态的任何振动能级,并以光的形式放出它们所吸收的能量,发射持续的时间也很短,这种发射光寿命较短,即为荧光。

处于激发态的分子量是不稳定的,它可能通过去活化过程丧失多余的能量而返回基态,丧失多余的能量的方式有:分子内的辐射跃迁和非辐射跃迁;分子间的相互作用。

由于只有一部分物质的分子能够发出荧光,所以只有能产生荧光的物质才被称为荧光物质。

　　荧光物质分子去活化回到基态的过程除了发荧光之外,还可能通过热能等形式释放能量。因处于激发态的电子还可能先弛豫到三重激发态,再以辐射方式跃迁到基态,由于三重态的半衰期较长,发射持续时间也较长,因此这种发射光寿命较长,产生的是磷光。磷光也是一种辐射跃迁释放能量的形式,其通常要在低温或刚性介质中才能被观察到。

　　由光激发所引起的荧光称为"光致荧光";由化学反应所引起的荧光称为"化学荧光";由 X 射线或阴极射线引起的荧光分别称为"X 射线荧光"或"阴极射线荧光";由激光引起的荧光称为"激光荧光"。如果化学发光在有生命的生物体中产出,如萤火虫(萤火虫的发光机制是体内的荧光素(luciferin)、荧光酵素(luciferase)、ATP 及氧的化学反应而发光)和含磷的真菌,则称为"生物发光"。无论是哪一种荧光,其发光机制都是相同的。

二、荧光色素的性质

(一)激发光波长和发射光波长

　　通常使用的荧光色素的激发光波长,大多处于近紫外区域或可见光区域,发射光波长多处于可见光区域。

　　物质的电子从基态向激发态跃迁过程中吸收的能量,要高于荧光发射的能量,因此,荧光色素的发射波长总是大于其激发波长,两者的差值叫斯托克斯位移(Stokes shift)。斯托克斯位移说明了在激发与发射之间存在着能量损失。在荧光分析中,就是利用斯托克斯位移现象,将激发光与荧光物质的发射光分离出来,只从中检测发射光,从而可提高检测的灵敏度和选择性。

　　例如,FITC(fluorescein isothiocynate,异硫氰酸荧光素),它的激发光波长为 490nm,发射光波长为 525nm,斯托克斯位移是 525 − 490 = 35(nm)。

　　有些荧光色素的斯托克斯位移较大,而有些荧光色素的斯托克斯位移较小。

　　斯托克斯位移较大,其激发光谱和发射光谱的重叠就越少,有利于提高其分辨率。

根据荧光色素的激发光波长和发射光波长,可选择光源和滤光片。例如,如果荧光色素的激发波长处于紫外区,则必须使用紫外光源。

(二)激发光谱和发射光谱

一般荧光物质都具有激发光谱和发射光谱,这两种光谱可以描绘出该物质的部分光学性质。

1. 激发光谱和发射光谱的基本概念

(1)激发光谱。

激发光谱又称为荧光激发光谱,是通过测量荧光物质的荧光发射强度随激发波长变化而获得的光谱。

激发光谱是将发射荧光单色器固定在某一波长的情况下,扫描激发单色器所测得的光谱。其具体测绘办法是:将发射荧光单色器的波长固定在待测荧光物质的最大荧光发射波长处,不断地改变激发光波长,以使不同波长的入射光激发荧光物质,所产生的荧光到达检测器,便可以测得该荧光的强度。以激发光的波长为横坐标、荧光强度为纵坐标作图,得到荧光强度与激发光波长的关系曲线,即为该荧光物质的激发光谱。

激发光谱显示出能量的有效吸收波长范围并显示出荧光强度对激发波长的依赖关系。所以激发光谱的实质是反映了不同波长激发光所激发出的荧光的相对效率。激发光谱经过校正后,在形态上与吸收光谱相同,这种情况下,可以用测定的吸收光谱代替激发光谱。一些荧光色素产品介绍中就只给出了荧光物质的吸收光谱,用户在选择激发光时可以从该谱线上查得其吸收峰值的波长范围作为参考。

(2)发射光谱。

发射光谱又称为荧光光谱,它是反映荧光物质的荧光发射强度与发射光波长之间相互关系的光谱谱线。荧光光谱是在固定激发光波长下扫描发射单色器所测得的光谱。其具体测绘办法是:保持激发光的波长和强度不变,而使荧光物质所产生的荧光通过不同波长的发射单色器后照射于检测器上,并记录各种发射波长下相应的荧光强度。以荧光发射波长为横坐标,相应的荧光强度为纵坐标作图,便得到荧光发射光谱。荧光光谱表示在所发射的荧光中各种波长组分的相对强度。由于荧光发射发生于第一电子激发态的最低振动能级,而与荧光物质分子被激发至哪一个电子态无关,因此荧光光谱的形状通常与激发波长无关,只有极少数例外。

2. 荧光色素的分类

荧光色素可被紫外光或蓝紫光(短波长光)激发而发射荧光,现在应用的一些荧光色素也可被长波长的光激发。这类荧光色素大多数属于吖啶类,如吖啶、吖啶黄、罗丹明、荧光黄钠等。按其化学反应性可将荧光色素分为以下三类:

(1)碱性荧光色素。碱性荧光色素含碱性助色团,在酸性溶液中电离,荧光色素离子为阳离子。吖啶类荧光色素如吖啶黄能与 DNA 和 RNA 结合而染色,主要是通过嵌入 DNA 的双螺旋结构实现的。溴化乙啶也是通过嵌入 DNA 而染色,在紫外光照射下发红色荧光。

(2)酸性荧光色素。酸性荧光色素含酸性助色团,在碱性溶液中电离,荧光色素离子为阴离子。

(3)中性荧光色素。中性荧光色素是一种由酸性荧光色素和碱性荧光色素混合而成的复合染料。

三、组织细胞的自发荧光与继发荧光

组织细胞的荧光有两种:一种是自发荧光;另一种是继发荧光。

(一)组织细胞的自发荧光

组织细胞不经荧光色素染色,在紫外光或短光波的照射下所呈现的荧光叫自发性荧光。

自发荧光的生物体存在于地球上的主要生存环境中,如土壤(细菌)、洞穴(新西兰萤火虫)、空气(萤火虫)、植物(真菌)、岩石(穿石贝)、海洋(水母)等。在生物分类中有 16 个门的 700 余种生物具有自然发光现象。其中包括众所周知的种类,如水母、鱿鱼、海星、软体虫、鱼和甲虫,但其他一些熟悉的种类,如蜘蛛、蟹、两栖动物以及哺乳动物等则不具发光特性。生物发光在海洋中尤为普遍。在弱光地带,海平面 900m 以下几乎所有动物都能发光,其发光颜色各异,从水母的蓝绿光、某些真菌的绿光,到萤火虫的黄光和橘黄光。发红光的生物比较罕见,但深海鱼 Malacosfeus 却有两对发射红光的器官和两个发射蓝光的器官。同样,南美花科雌甲虫 Phrixothir 的头上也有一对红色器官,其身体上还有 11 个黄绿色器官。

哺乳动物不发光,但其体内存在着能产生超微弱化学发光的细胞,这种光用肉眼不可见,但可以用光电倍增管检测到。在肺脏、肝脏、离体的细胞,如吞噬细胞、血小板、受精卵、真菌、酵母和植物中,甚至在人的呼吸气流中,均可见到这种超微弱化学发光。其原因是氧代谢物的生成和内源性物质如不饱和脂肪酸的氧化,还可能是具有自身化学发光的单态氧的形成。

这样,从化学发光的四种类型(合成发光、生物发光、超微弱发光及能量传递发光)中,建立了生物反应和生物物质的检测方法。

当人们急需在夜间行路时,就用一种简便的方法——放置一些腐烂的橡树枝,以照亮森林中的道路。可以推断,这是腐烂橡树枝上真菌所发的光。那时人们就已发现不需燃烧明火就能照明的方法。

近年来人们又发现,化学发光与生物发光最为有用的应用之一就是既能使活细胞内的分子信号和基因表达发光,又不损伤细胞。因此,科学家正不断从深海和岩石中寻找新的发光物体。

1. 动物组织细胞的自发性荧光

一般组织细胞中的蛋白质和脂类在紫外光照射下能发出微弱的淡蓝色的荧光,其中弹性纤维的荧光很强,呈亮蓝色。

有研究人员通过观察甲醛固定的卵巢切片,证明了结缔组织和黄体细胞为淡蓝色荧光,而卵泡的荧光较暗,成熟卵泡膜细胞呈黄绿色荧光,这种黄绿色荧光可能与卵巢激素有关。还有研究人员通过观察经甲醛固定的田鼠、猫、大白鼠、小白鼠的肾上腺,证明了肾上腺髓质内有两种不同的嗜铬细胞:一种细胞经紫外光照射后呈现很强的自发性荧光,这种细胞成群分布;另一种细胞的荧光很弱。用碘化钾处理标本时,强荧光的细胞群选择性地将其浸染成棕色,而弱荧光的细胞无色。发强荧光的细胞群含有并分泌去甲肾上腺素,而其他细胞含有并分泌肾上腺素。

细胞内的脂褐素呈棕黄色的自发荧光。例如,心肌细胞核两侧的肌浆内随着年龄的增加或在某些疾病的情况下,可见大量的棕黄色的脂褐素荧光颗粒。

细胞内脂褐素堆集值是细胞老化的一个公认指标,对于用神经母细胞瘤细胞在无血清培养下建立的神经细胞老化模型,利用紫外光激发脂褐素能产生自发荧光,并且其荧光强度与脂褐素值相对应,可测定体外培养一定时期的细胞内脂褐素的自发荧光强度,从而观察测试对象对脂褐素积累的影响。

维生素 A 呈绿色自发性荧光。观察大白鼠器官内维生素 A 的分布,大白鼠食入维生素 A 以后,在很多器官的细胞内,如肝细胞、库普弗细胞、肾上腺束状带细胞、肺和肾的间质细胞、卵巢间质细胞和黄体细胞、眼球视网膜细胞、脂肪细胞及小肠细胞内均可见到维生素 A 的绿色荧光,并证明缺乏维生素 A 的动物的绿色荧光将会消失。患维生素 A 过多症的大白鼠肝细胞内呈现明显的绿色荧光,库普弗细胞增大并含有大量维生素 A。

此外,某些药物可呈现一定的荧光,四环素为黄色荧光,四环素能和骨基质中的钙结合,利用这一特性,可以用四环素饲养动物以观察新骨质的形成,这在活体内骨组织计量学研究和临床检验中得到了广泛应用。四环素和癌细胞有较大的亲和力,能在恶性肿瘤内形成亮黄色的荧光灶。阿的平、奎纳克林呈现黄绿色荧光,它们曾被用于研究药物在蠕虫体内的分布,并阐明药物对蠕虫的作用。

20 世纪 60 年代报道了多聚甲醛可以诱发组织细胞内的内源性生物胺。用这种方法证明了哺乳动物脑干中存在两种单胺神经元——儿茶酚胺型神经元和 5-羟色胺型神经元。前者含有去甲肾上腺素或多巴。用多聚甲醛处理后,儿茶酚胺呈现黄绿色荧光,5-羟色胺呈黄色荧光。并且,他们对两种单胺神经元在脑干中的分布进行了详细观察。同时,很多学者证明了血小板、松果体中的神经元、消化道黏膜内的嗜铬细胞以及某些动物结缔组织中的肥大细胞内均含有黄色荧光的 5-羟色胺。

显示脑干单胺神经元的荧光方法:20 世纪 70 年代报道用 0.1mol 磷酸缓冲液(pH7.0)配制的 4% 多聚甲醛冷溶液灌流动物,恒冷箱冰冻切片,真空干燥后,在 80℃ 与多聚甲醛蒸气作用 1h,可显示中枢神经系统细胞内的单胺成分,整个过程只需 4～5h。

2. 植物细胞的自发荧光

植物在紫外光照射下能发出弱的淡蓝色、淡绿色和红色的荧光。

(1)细胞壁的自发荧光:植物的细胞壁可自发出淡绿色荧光(约为540nm),产生荧光的原因尚未查明,但其自发绿色荧光的物质基础是与细胞壁多糖结合的酚酸。

(2)叶绿体的自发荧光:叶绿体在光合作用中吸收可见光(叶绿素 b 在430nm、454nm、595nm 和 643nm 处有吸收峰)已是人所共知的,但叶绿体能自发荧光却并不完全为人所知。当激发光波长为 337.1nm 时,叶绿体的发射波长为 405nm,呈蓝色;当激发光波长在 541～570nm 时,叶绿体的发射波长为 570～595nm、670nm,呈橙红色。因此在实验中应注意选择合适的激发光波长。

(3)植物的抑菌物质(抵御病虫害)多是芳香化合物,在紫外光激发下发射荧光。

(二)组织细胞的继发荧光

组织细胞经荧光色素染色后,细胞内某些成分和荧光色素结合后而呈现的荧光称为继发性荧光。荧光色素和细胞内的某种特定成分结合后可以呈现出不同颜色的专一性荧光。利用某些成分的继发性荧光,可对各种组织进行细胞化学的观察和研究。组织细胞的继发荧光在生命科学研究中的应用十分广泛。

第二节　荧光的淬灭与抗淬灭机理

一、荧光的淬灭

荧光物质的分子从第一激发单重态向基态跃迁是一种释放能量的过程,其能量的释放有荧光发射(辐射跃迁)和非荧光发射(热辐射等)两种形式。前者是进行荧光分析所必需的;后者与荧光发射形式竞争能量,会导致原来能够发荧光的物质分子不能发出荧光,这种现象即为荧光淬灭现象。

(一)荧光淬灭的作用

荧光淬灭或称为荧光熄灭,广义地说是指任何可使荧光量子产率降低(也即使荧光强度减弱)的作用。这里所要讨论的荧光淬灭,指的是荧光物质分子与溶剂或溶质分子之间所发生的导致荧光强度下降的物理或化学作用过程。与荧光物质分子相互作用而引起荧光强度下降的物质,称为荧光淬灭剂。

淬灭过程实际上是与发光过程相互竞争从而缩短发光分子激发态寿命的过程。淬灭过程可能发生于淬灭剂与荧光物质的激发态分子之间的相互作用,也可能发生于淬灭剂与荧光物质的基态分子之间的相互作用。前一种过程称为动态淬灭,后一种过程称为静态淬灭。

在动态淬灭过程中,荧光物质的激发态分子通过与淬灭剂分子的碰撞作用,以能量转移的机制或电荷转移的机制丧失其激发能而返回基态。由此可见,动态淬灭的效率受荧光物质激发态分子的寿命和淬灭剂的浓度所控制。1-萘胺的蓝绿色荧光在碱性溶液中发生淬灭现象,但它的吸收光谱并没有发生变化,这是动态淬灭的一个例子。

静态淬灭的特征是淬灭剂与荧光物质分子在基态时发生配合反应,所产生的配合物通常是不发光的,即使配合物在激发态时可能离解而产生发光的型体,但激态复合物的离解作用可能较慢,以致激态复合物经由非辐射的途径衰变到基态的过程更为有效。与此同时,基态配合物的生成也由于与荧光物质的基态分子竞争吸收激发光(内滤效应)而降低了荧光物质的荧光强度。吖啶黄溶液受核酸的淬灭便是静态淬灭的一个例子。核酸使吖啶黄溶液的荧光淬灭,且使溶液的吸收光谱显著地位移。

在动态淬灭中,荧光的量子产率是由光反应的动力学控制的,而在静态淬灭中,荧光的量子产率通常只受基态的配合作用的热力学所控制。众所周知的淬灭剂是分子氧,它能引起几乎所有的荧光物质产生不同程度的荧光淬灭现象。因此,在没有驱除溶解氧的情况下进行溶液的荧光测定,通常会降低测定的灵敏度。不过,由于除氧操作麻烦,故在可以满足分析灵敏度要求的情况下,在一般的分析方法中往往免除了这一步骤。但是要获得可靠的荧光量子产率或荧光寿命的测量值,往往需要除去溶液中的溶解氧。胺类是大多数未取代芳烃的有效淬灭剂。卤素化合物、重金属离子及硝基化合物等,也都是著名的荧光淬灭剂。卤素离子对于奎宁的荧光有显著的淬灭作用,但对某些物质的荧光并不发生淬灭作用,这表明淬灭剂和荧光物质之间的相互作用是有一定选择性的。因此,可以知道淬灭剂的存在对荧光分析有严重的影响,在荧光测定之前必须考虑淬灭剂的消除或分离问题。

荧光淬灭作用在荧光分析中有降低待测物质的荧光强度的不良作用,但与此同时,人们也可以利用某种物质对某一荧光物质的荧光淬灭作用而建立对该淬灭剂的荧光测定方法。一般地说,荧光淬灭法比直接荧光测定法更为灵敏,并具有更高的选择性。此外,淬灭效应的研究还可以用于揭示淬灭剂的扩散速率,或在生物化学研究中用于推测蛋白质上结合点的位置和蛋白质的形状。

（二）动态淬灭

双分子作用过程的基本条件是两个分子的紧密接近，即通常所谓的"碰撞"。对于基态分子的动力学碰撞来说，要求两个分子相互接触；而对于处于激发态的分子来说，并不一定需要两个作用分子的直接接触，它们之间便可能发生光学的碰撞作用。光学碰撞的有效截面可能比动力学碰撞的有效截面大得多，如图 1-1 所示。光学碰撞的有效截面（$\sigma = \pi R_{AB}^2$）与距离 R_{AB} 的平方成正比，在 R_{AB} 的距离下，激发态分子可能与其他分子相互作用而引起物理变化或化学变化。

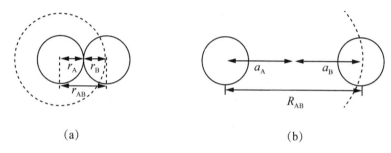

(a) (b)

图 1-1 动力学碰撞（a）和光学碰撞（b）的图解表示

在溶液中，为溶剂分子所包围的两个邻近的溶质分子，在它们漂离之前，彼此可能进行多次重复的碰撞，这称为一次遭遇，每次遭遇约包含 20～100 次碰撞。每次遭遇所含的碰撞次数及遭遇持续的时间，与溶液的黏度及温度有关。最初互相远离的溶质分子，只有通过比较缓慢的扩散过程彼此才能相互靠近。假如在一次遭遇中重复碰撞的次数大于发生相互作用所需要的碰撞次数，那么相互作用的双分子反应的速率，为通过扩散而产生新的遭遇的速率所限制，因而溶液的黏度成了控制的因素。由于各种因素的平衡结果，在低黏度的普通液体中，双分子反应的速率常数 k_2 约为 $10^9 \sim 10^{10}$ L/(mol·s)。双分子反应的速率常数 k_2 可表示如下：

$$k_2 = p \frac{4\pi R_{AB} N (D_A + D_B)}{1000} \tag{1-1}$$

式中：D_A 和 D_B 分别表示两个相互碰撞的分子的扩散系数；R_{AB} 为遭遇半径，其数值等于作用半径之和（$R_{AB} = a_A + a_B$）；p 为每次遭遇的概率系数。

扩散系数用 Stokes-Einstein 方程式表示为：

$$D = \frac{kT}{6\pi\eta r} \tag{1-2}$$

式中:k 为玻尔兹曼常量;T 为热力学温度;η 为黏度;r 为扩散分子的动力学半径。

如令 r_A 和 r_B 为两个扩散分子对的半径,那么:

$$D_A + D_B = \frac{kT}{6\pi\eta}\left(\frac{1}{r_A} + \frac{1}{r_B}\right) \tag{1-3}$$

假设 $a_A = a_B$,以致 $R_{AB} = 2a$,且 $r_A = r_B = r$,那么,代入式(1-1)后得到:

$$k_2 = p\frac{8RT}{3000\eta} \cdot \frac{a}{r} \tag{1-4}$$

进一步假设相互作用半径和动力学半径相等,即 $a = r$,概率系数 $p = 1$,则将得到表示有效反应的方程式的最后形式,即:

$$k_2 = 8RT/3000\eta \tag{1-5}$$

由此可见,双分子反应的速率常数只与溶剂的黏度和温度有关。

如果扩散分子比溶剂分子小得多,则滑动摩擦系数等于零,即溶质分子在与溶剂分子接触时可以自由地运动,在这样的情况下:

$$k_2 = 8RT/2000\eta \tag{1-6}$$

在黏性溶液中,氧对多环芳烃荧光的淬灭作用可用式(1-6)得到较好的近似表示。在介电常数为 ε 的介质中,对于荷电为 Z_A 和 Z_B 的离子溶液,在式(1-6)的分母中要包括库仑作用项 f:$f = \delta/(e^\delta - 1)$;$\delta = Z_A Z_B e^2 / \varepsilon kT r_{AB}$。

动态淬灭过程是与自发的发射过程相竞争从而缩短激发态分子寿命的过程。溶液中荧光物质分子 M 与淬灭剂 Q 相互碰撞而引起荧光淬灭的最简单情况可表示如下:

(1) $M + h_\nu \longrightarrow {}^1M^*$　　　(吸光过程)I_a 速率

(2) ${}^1M^* \xrightarrow{k_f} M + h'_\nu$　　　(荧光过程)$k_f[{}^1M^*]$

(3) ${}^1M^* + Q \xrightarrow{k_q} M + Q$　　　(淬灭过程)$k_q[{}^1M^*][Q]$

根据恒定态的假设,在连续的照射下,激发态荧光体 ${}^1M^*$ 会达到一个恒定值,即 ${}^1M^*$ 的生成速率与其衰变速率相等,${}^1M^*$ 的浓度保持不变,即

$$d[{}^1M^*]/dt = 0 \tag{1-7}$$

在没有淬灭剂存在的情况下,${}^1M^*$ 的浓度表示为 $[{}^1M^*]^0$,根据以上反应式可得:

$$I_a - \left(k_f + \sum k_i\right)\left[{}^1M^*\right]^0 = 0$$

$$\left[{}^1M^*\right]^0 = I_a / \left(k_f + \sum k_i\right) \tag{1-8}$$

式中：I_a 为吸光速率，即 ${}^1M^*$ 生成的速率；k_f 为光发射的速率常数；$\sum k_i$ 为分子内所有非辐射衰变过程的速率常数的总和。

在淬灭剂存在的情况下，${}^1M^*$ 的浓度以 $\left[{}^1M^*\right]$ 表示，同理可得：

$$I_a - \left(k_f + \sum k_i\right)\left[{}^1M^*\right] - k_q[Q]\left[{}^1M^*\right] = 0$$

$$\left[{}^1M^*\right] = I_a / \left(k_f + \sum k_i + k_q[Q]\right) \tag{1-9}$$

式中：k_q 为双分子淬灭过程的速率常数。

因而，当淬灭剂不存在和存在的情况下，荧光的量子产率分别为：

$$\phi_f^0 = \frac{k_f\left[{}^1M^*\right]^0}{I_a} = \frac{k_f}{k_f + \sum k_i} \tag{1-10}$$

$$\phi_f = \frac{k_f\left[{}^1M^*\right]}{I_a} = \frac{k_f}{k_f + \sum k_i + k_q[Q]} \tag{1-11}$$

于是，没有淬灭剂存在时的荧光强度 F_0 与淬灭剂存在时的荧光强度 F 的比值为：

$$F_0/F = \phi_f^0/\phi_f = \frac{k_f + \sum k_i + k_q[Q]}{k_f + \sum k_i} = 1 + k_q[Q]/\left(k_f + \sum k_i\right)$$

$$= 1 + k_q\tau_0[Q] = 1 + K_{sv}[Q] \tag{1-12}$$

式(1-12)称为 Stern-Volmer 方程式。

式中：τ_0 为没有淬灭剂存在下测得的荧光寿命；K_{sv} 为 Stern-Volmer 淬灭常数，是双分子淬灭速率常数与单分子衰变速率常数的比率（因此为 L/mol），它意味着这两种衰变途径之间的竞争。

根据没有淬灭剂存在与淬灭剂存在时荧光寿命的不同，可以得到 Stern-Volmer 方程式的另一表示形式：

$$\tau_0/\tau = 1 + K_{sv}[Q] \tag{1-13}$$

式中：τ 为淬灭剂存在下测得的荧光寿命。

综上所述，若以 F_0/F（或 τ_0/τ）对[Q]作图将得一直线，则其斜率为 K_{sv}。直观地看，$1/K_{sv}$ 的数值等于 50% 的荧光强度被淬灭时淬灭剂的浓度。假如测定了淬灭剂不存在时的荧光寿命 τ_0，便可由 $k_q\tau_0 = K_{sv}$ 的关系式求得双分子淬灭过程的速率常数 $k_q[\text{L}/(\text{mol}\cdot\text{s})]$。

对于有效的淬灭剂，$K_{SV} \approx 10^2 \sim 10^3\,L/mol$，假如荧光分子的平均寿命 $K_{SV} \approx 10^{-8}\,s$，那么 k_q 的数值约为 $10^{10}\,L/(mol \cdot s)$。k_q 的这一数值与遭遇频率数量级相同，在这种情况下，淬灭作用是扩散控制的，可由式(1-5)直接计算获得 k_q 的高限值。

$1/K_{SV}$ 的数值等于 50% 的荧光强度被淬灭时淬灭剂的浓度(以 $[Q]_{1/2}$ 表示)，即：

$$K_{SV} = k_q \tau_0 = 1/[Q]_{1/2} \tag{1-14}$$

假定淬灭作用(k_q)是扩散控制的，那么在已知 K_{SV} 及 k_q 数值的情况下，可以从式(1-14)估算出没有淬灭剂存在时荧光分子的平均寿命。

由式(1-14)可以知道，假如淬灭作用是扩散控制的(即 $k_q \approx 10^{10}$)，那么，长寿命的磷光就会比短寿命的荧光更容易被痕量的淬灭剂所淬灭。

在有些体系中，淬灭作用远比通过扩散控制的遭遇频率所预计的要小得多，在这种情况下，K_{SV} 显得与溶剂的黏度无关。如溴苯是多环芳烃荧光的弱淬灭剂，它的淬灭常数在己烷中和在黏稠的链烷烃中几乎相同。

对于离子溶液，离子强度是影响淬灭系数的重要因素，双分子淬灭作用的速率常数应当对极限值 k_q^0 作如下校正：

$$\lg k_q = \lg k_q^0 + 0.5 \Delta Z^2 \sqrt{\mu} \tag{1-15}$$

式中：μ 为离子强度；$\Delta Z^2 = Z_{MQ}^2 - (Z_M^2 + Z_Q^2)$，$Z_{MQ}$、$Z_M$ 和 Z_Q 分别为中间配合物 MQ、荧光分子 M 和淬灭剂 Q 所带电荷的数目和性质。随着离子强度增大，淬灭作用可能增大、减小或保持不变，取决于 ΔZ^2 的符号。

(三)静态淬灭

激发态荧光分子在其寿命期间由于扩散遭遇而和淬灭剂之间发生的碰撞淬灭，这是一种与时间有关的动态淬灭过程。而有些荧光淬灭现象却不能用碰撞淬灭来加以解释。有些荧光物质溶液在加入淬灭剂后荧光强度显著下降，吸收光谱也发生明显变化。又如某些荧光物质溶液在加入淬灭剂后，其荧光强度随着温度的升高而增强。这些现象可能是由于荧光分子和淬灭剂之间形成不发光的基态配合物而产生的结果。这种淬灭现象称为静态淬灭。

荧光分子和淬灭剂之间形成的不发光的基态配合物，可以用下式来表示：

$$M + Q \rightleftharpoons MQ$$

配合物的形成常数为：

$$K = [MQ]/[M][Q] \tag{1-16}$$

荧光强度和淬灭剂浓度之间的关系，可以推导如下：

$$[M]_0 = [M] + [MQ]$$

$$(F_0 - F)/F = ([M]_0 - [M])/[M] = [MQ]/[M] = K[Q]$$

即：

$$F_0/F = 1 + K[Q] \tag{1-17}$$

式中：$[M]_0$ 为荧光分子的总浓度；F_0 与 F 为分别为淬灭剂加入之前和加入之后所测得的荧光强度。

上述静态淬灭 F_0/F 与 $[Q]$ 的关系式与动态淬灭所获得的关系式相似，只是在静态淬灭的情况下用配合物的形成常数代替了淬灭常数。不过应当指出，只有荧光物质与淬灭剂之间形成 1∶1 的配合物的情况下，静态荧光淬灭才符合上述关系式。对于非 1∶1 配合以及对于具有多个结合位点的生物大分子，其静态荧光淬灭的关系式需另加推导。

在单独通过测量荧光强度所得到的荧光淬灭数据而没有提供其他信息的情况下，难以判断所发生的淬灭现象属于动态淬灭还是静态淬灭。可以提供的附加信息有如淬灭现象与寿命、温度和黏度的关系，以及吸收光谱的变化情况。区分静态淬灭与动态淬灭最确切的方法是寿命的测量。在静态淬灭的情况下，淬灭剂的存在并没有改变荧光分子激发态的寿命，即 $\tau_0/\tau = 1$；而在动态淬灭情况下，淬灭剂的存在使荧光寿命缩短，$\tau_0/\tau = F_0/F$。

动态淬灭由于与扩散有关，而温度升高时溶液的黏度下降，同时分子的运动加速，其结果将使分子的扩散系数增大，从而增大双分子淬灭常数。反之，温度升高可能引起配合物的稳定度下降，从而减小静态淬灭的程度。

此外，由于碰撞淬灭只影响到荧光分子的激发态，因而并不改变荧光物质的吸收光谱。相反，基态配合物的生成往往将引起荧光物质吸收光谱的改变。

（四）动态和静态的联合淬灭

在有些情况下，荧光体不仅能与淬灭剂发生动态淬灭，还能与同一淬灭剂发生静态淬灭，即同时发生动态和静态的淬灭现象。这种情况下实验所获得的 Stern-Volmer 图不是一条直线，而是一条弯向 Y 轴的上升曲线。

这时,所保留下的荧光分数(F/F_0)应是没有被络合的荧光分子的分数(f)与没有被碰撞遭遇所淬灭的荧光分子的分数的乘积,即:

$$\frac{F}{F_0} = f \frac{\gamma}{\gamma + k_q[\mathbf{Q}]} \tag{1-18}$$

式中:$\gamma = \tau_0^{-1}$;k 为双分子淬灭常数。

由静态淬灭可知 $f = 1 + K[\mathbf{Q}]$,K 为荧光体淬灭剂配合物的形成常数。将式(1-18)倒转并加以重新整理后得到下式:

$$\frac{F_0}{F} = (1 + K[\mathbf{Q}])(1 + K_{SV}[\mathbf{Q}]) \tag{1-19}$$

$$\frac{F_0}{F} = 1 + (K_{SV} + K)[\mathbf{Q}] + K_{SV} \times K[\mathbf{Q}]^2 \tag{1-20}$$

进一步整理后得到:

$$K_{app} = \left(\frac{F_0}{F} - 1\right)/[\mathbf{Q}] = (K_{SV} + K) + K_{SV} \times K[\mathbf{Q}] \tag{1-21}$$

以 $\left(\frac{F_0}{F} - 1\right)/[\mathbf{Q}]$ 对$[\mathbf{Q}]$作图,得到一条直线,其截距 I 等于$(K_{SV} + K)$,斜率 S 等于$K_{SV} \times K$,由实验所获得的直线的截距和斜率值,通过以下联立方程式(1-22),即可求出 K_{SV} 与 K 的值。

$$K^2 - IK + S = 0 \tag{1-22}$$

(五)电荷转移淬灭

有些物质虽然并不满足能量转移淬灭的条件,但却能够有效地淬灭某些荧光物质的荧光。这些物质对荧光的淬灭作用,是通过它们与荧光物质的激发态分子之间发生电荷转移而引起的。由于激发态分子往往比基态分子具有更强的氧化还原能力,也就是说激发态分子是比基态分子更强的电子受体或电子供体,因此,荧光物质的激发态分子比其基态分子更容易与其他物质的分子发生电荷转移作用。那些强的电子受体的物质,往往是有效的荧光淬灭剂。例如,某些多环芳烃的荧光被对二氰基苯、N,N-二甲基苯胺及 N,N 二乙基苯胺等电子受体所淬灭,是荧光的电荷转移淬灭的一些例子。

当荧光物质的激发态分子与淬灭剂分子相互碰撞时,彼此有相互吸引的趋势,吸引趋势的大小取决于它们的极性和极化率。相互碰撞和吸引的结果,可能形成某种激态复合物。与荧光物质和淬灭剂之间形成基态配合物的情况不同,形成这种激态复合物时,通常并不改变荧光物质的吸收光谱。

在电荷转移淬灭中,荧光物质的激发态分子 $^1M^*$ 与淬灭剂分子 Q 相互碰撞时,最初形成了"遭遇配合物",而后成为实际的激态电荷转移配合物在介电常数小于 10 的非极性溶液中,可以观察到有激态电荷转移配合物 $^1(M^+Q^-)^*$ 所产生的荧光。但所产生的荧光相对于 $^1M^*$ 的荧光来说,光谱处于更长的波长范围,且没有精细结构。如在蒽或联苯与 N,N-二乙基苯胺同处于非极性溶剂中时,蒽或联苯的荧光为一处于较长波长范围、形状宽而无结构特征的发射光谱所代替。然而吸收光谱并没有改变,表明在基态时并没有发生配合作用,而是生成了激态电荷转移配合物:

$$^1M^* + \phi N_2 \longrightarrow (\phi N(C_2H_5)_2^+ M^-)^*$$
$$\longrightarrow M + \phi N(C_2H_5)_2 + h\nu_f$$

在电子转移过程中,可能会有一部分激发态分子的电子能量以振动能的形式传递到溶剂,因而激态电荷转移配合物的荧光量子产率往往比较低,于是在非极性溶剂中激发态电荷转移作用的净结果,通常会造成荧光物质分析的灵敏度有较大的下降。

在极性溶剂中,$^1M^*$ 的荧光被淬灭剂 Q 淬灭时,通常并不伴随由激态电荷转移配合物所产生的荧光,代之而发生的是遭遇配合物形成离子对,再经溶剂化作用而转变为游离的溶剂化离子 M_S^+ 和 Q_S^-:

$$^1M^* + Q \Longleftrightarrow {}^1M^* \cdot \cdots \cdot Q \longrightarrow M_S^+ + Q_S^-$$

例如,在萘、菲、芘、六苯并苯等某些多环芳烃(荧光物质)和对二氰基苯(淬灭剂)的乙腈溶液中,经闪光光谱实验证实了荧光淬灭的电荷转移机理的普遍性,从闪光光谱中可以检查出荧光物质和淬灭剂的自由基离子。而且,在大多数情况下上述多环芳烃的三重态激发分子似乎是荧光淬灭反应的中间产物,可以被检出。这种三重态的起源还不清楚,它们也许是由所产生的自由基离子的重新结合反应而生成的:

$$M^+ + Q^- \longrightarrow {}^3M^* + Q$$

具有重原子的淬灭剂分子与荧光物质的激发态分子所生成的电荷转移配合物,有利于电子自旋的改变,以致发生电荷转移配合物的离解并伴随着经由三重态的能量递降:

$$^1M^* + Q \longrightarrow {}^1(M^+Q^-)^* \longrightarrow {}^3M^* + Q \longrightarrow M + Q$$

氙、溴苯、溴化物、碘化物及某些稀土化合物是这类淬灭剂的例子。

(六)能量转移淬灭

根据能量转移过程中作用机理的不同,能量转移可分为辐射能量转移和非辐射能量转移两种类型。非辐射能量转移又有两种不同的机理假设,即通过偶极偶极耦合作用的共振能量转移和通过电子交换作用的交换能量转移。

1. 辐射能量转移

这种能量转移过程事实上是荧光的再吸收过程,即荧光分子(能量供体)所发射的荧光被淬灭剂(能量受体)所吸收,从而导致后者被激发。这一过程可以表示如下:

$$D^* \longrightarrow D + h\nu$$
$$A + h\nu \longrightarrow A^*$$

这种能量转移过程不需要供体和受体间的任何能量相互作用,它仅仅是供体发射的荧光按照比尔定律为受体所吸收。这种能量转移过程的效率决定于供体的发射光谱与受体的吸收光谱两者重叠的程度。重叠的程度越大,能量转移的效率越高。如果溶液中受体的浓度足够大,则可能引起供体的荧光光谱发生畸变和造成荧光强度测量的误差。假定在试样中待测的组分(供体)和干扰组分(受体)的存在量差不多,可以简单地通过稀释溶液以使干扰组分对待测组分所发射的荧光的吸收程度降到非常小,则可以抑制干扰组分的表观淬灭现象。假如待测组分相对于干扰组分来说是微量组分,那么,在荧光测定之前只能采用预先分离的办法。

2. 共振能量转移

当供体分子和受体分子相隔的距离远大于供体受体的碰撞直径时,只要供体分子的基态和第一激发态两者的振动能级间的能量差相当于受体分子的基态和第一激发态两者的振动能级间的能量差,这种情况下,仍然可以发生从供体到受体的非辐射能量转移。这种能量转移过程,也常称为长距离能量转移。

这种非辐射的能量转移过程,是通过偶极偶极耦合作用的共振能量转移过程。分子具有特征的振动能层,因而可能提供许多近似的共振途径,这种共振途径越多,共振能量转移的概率越大。在图 1-2 所示的状况下,A、B、C 和 A′、B′、C′所表示的跃迁是耦合的跃迁,当激发态的供体分子和基态的受体分子相距于某一适当的距离时,供体分子通过 A、B、C 的跃迁而衰变到基态时,同时诱发了受体分子通过 A′、B′、C′ 的跃迁而被激发到激发态。

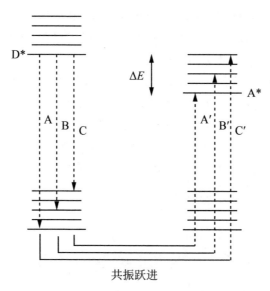

共振跃进

图 1-2　供体 D 和受体 A 共振能量转移的能级图

当供体的发射光谱和受体的吸收光谱处于大致相同的波长范围时,供体和受体的能级间相对应的概率比较高,产生共振能量转移的概率因而也比较高。因此,能量转移的概率是供体的发射光谱与受体的吸收光谱两者重叠程度的函数。此外,这种能量转移过程的效率也与 D→D* 和 A→A* 两个跃迁过程的跃迁概率有关。如果这两个过程都是充分许可的跃迁,并且光谱重叠程度很大,那么共振能量转移的效率就会很高,其速率可能是非常快的,可以超过供体和受体的扩散速率。对于以固定距离 r 相隔的某个供体受体对来说,其共振能量转移的速率可表示如下:

$$K_T = \frac{9000(\ln 10)K^2\phi_D}{128\pi^5 n^4 N r^6 \tau_D} \int_0^\infty \frac{F_D(\bar{\nu})\varepsilon_A(\bar{\nu})}{\bar{\nu}^4} d\bar{\nu} \tag{1-23}$$

式中:ϕ_D 为没有受体存在的情况下供体的发射量子产率;n 为介质的折射率;N 为阿伏伽德罗常量;r 为供体偶极中心到受体偶极中心的平均距离;τ_D 为没有受体存在下供体的辐射寿命;$F_D(\bar{\nu})$ 为供体在 $\bar{\nu}$ 至 $\bar{\nu}+d\bar{\nu}$ 波数间隔内的校正荧光强度,荧光总强度归一化等于 1;$\varepsilon_A(\bar{\nu})$ 为受体在波数 $\bar{\nu}$ 的摩尔吸光系数;$\lambda_D(=\phi_D/\tau_D)$ 为供体的发射速率;K^2 为定向系数,它描述了供体和受体的跃迁偶极在空间的相对定向。

式中的积分项表示供体发射和受体吸收两者的光谱重叠程度。

$$K^2 = (\cos\theta_T - 3\cos\theta_D \cos\theta_A)^2 \tag{1-24}$$

由式(1-23)可知,共振能量转移的速率与供体受体两者的距离、供体发射与受体吸收之间的光谱重叠程度及它们的跃迁概率、供体发射的量子产率和供体激发态的寿命等因素有关。

方程式(1-23)中的常数项通常合并在一起并定义为 Förster 距离(某一给定供体-受体对的临界转移距离)R_0,在这一距离下,能量转移速率 K_T 等于在没有受体存在的情况下供体的衰变速率($\Gamma_D = \tau_D^{-1}$),也就是说在这一距离下,从供体到受体的能量转移概率等于供体衰变的概率。由方程式(1-23)和 $K_T = \tau_D^{-1}$,可以得到下式:

$$R_0^6 = \frac{9000(\ln 10)K^2 \phi_D}{128\pi^5 N n^4} \int_0^\infty \frac{F_D(\bar{\nu})\varepsilon_A(\bar{\nu})}{\bar{\nu}^4} d\bar{\nu} \tag{1-25}$$

方程式(1-23)与(1-25)联立后得:

$$K_T = \frac{1}{\tau_D}\left(\frac{R_0}{r}\right)^6 \tag{1-26}$$

由式(1-26)可知,当 $R_0 > r$ 时,能量转移的概率比供体分子衰变(如以发光的形式)的概率更大;当 $R_0 < r$ 时,大多数的激发态供体分子将衰变到基态,从而能量转移的概率较小。

能量转移的效率(E)可表示为:

$$E = \frac{K_T}{\tau_D^{-1} + K_T} = \frac{1}{1 + (r/R_0)^6} \tag{1-27}$$

在供体与受体的分子间距离等于 R_0 的情况下,则能量转移与供体的衰变两者的概率相等。R_0 的实验值可以通过下式加以计算:

$$R_0 = \left[\frac{3 \times 1000}{4\pi N[A]_{1/2}}\right]^{1/3} \tag{1-28}$$

式中:$[A]_{1/2}$ 表示当供体溶液的荧光有 50% 被淬灭的情况下受体的浓度。R_0 与 $[A]_{1/2}$ 对于经由共振能量转移的任何供体-受体是两个重要的常数。供体和受体两者的浓度越大,r 值便越小,共振能量转移的效率将越大。因此,共振能量转移现象与浓度有关。

当受体处于比供体更低的能级时,才可能发生有效的能量转移。不同类分子之间的能量转移,比同类分子之间的能量转移更为有效。假如受体的跃迁概率很大($\varepsilon_{max} \approx 1 \times 10^5$),供体的发射光谱与受体的吸收光谱又有很大程度的光谱重叠,而且供体的发光量子产率在 $0.1\sim1.0$,那么 R_0 的数值可能达 $50\sim100\text{Å}$,能量转移的速率常数可能超过扩散控制的速率常数。

原则上,共振能量转移可能从供体分子的电子激发单重态 $^*D(S_1)$ 或三重态 $^*D(T_1)$ 到受体分子的电子激发单重态 $^*A(S_1)$ 或三重态 $^*A(T_1)$。不过,由于受体分子中发生单重态-三重态跃迁[即 $A(S_0)\rightarrow{}^*A(T_1)$]和供体分子中发生三重态-单重态跃迁[即 $^*D(T_1)\rightarrow D(S_0)$]都是自旋禁阻的,跃迁概率都很低,因而单重态-三重态和三重态-三重态共振能量转移的概率极小,因此,通常观察不到由共振能量转移所引起的单重态或三重态敏化磷光。最可能的共振能量转移过程是单重态-单重态和三重态-单重态能量转移过程,如下列方程式所示:

$$^*D(S_1)+A(S_0)\longrightarrow D(S_0)+{}^*A(S_1)$$

$$^*D(T_1)+A(S_0)\longrightarrow D(S_0)+{}^*A(S_1)$$

由于 $^*D(T_1)\rightarrow D(S_0)$ 和 $A(S_0)\rightarrow{}^*A(T_1)$ 两个跃迁的概率都高,因此单重态单重态共振能量转移过程可能在比较大的临界距离内发生,并且速率常数也比较高。单重态单重态共振能量转移的结果,通常产生了受体的敏化荧光。假如受体的吸收足够弱,R_0 变得接近于动力学碰撞直径,并且单重态-单重态能量转移为扩散控制,那么在这样的短距离范围内,起作用的是交换机理的能量转移。

三重态-单重态共振能量转移过程,虽然因为供体分子所发生的跃迁是自旋禁阻的,跃迁概率小,但这方面可由供体分子的激发三重态的长寿命所弥补。因而这种能量转移过程虽然速率比较慢,但仍然可以有效地发生。发生这种能量转移过程的必要条件是供体的磷光光谱与受体的单重态单重态吸收光谱必须重叠。发生这种能量转移过程的表观现象是供体的磷光寿命缩短和显现受体的荧光。由三重态-单重态共振能量转移所产生的受体的敏化荧光,其寿命通常和供体分子的激发三重态的寿命相似,但比受体分子直接被激发时所观察到的荧光寿命要长得多。

共振能量转移过程的两个最重要的判别标准是:①能量转移应当在远大于碰撞半径的距离上发生;②能量转移效率与介质的黏度变化无关。

在复杂的荧光混合物体系中,往往能够满足共振能量转移的某些条件,而这种能量转移形式对待测物质的荧光淬灭作用往往不容易简单地通过稀释试样溶液来加以消除,因而是分析工作上的重要妨害因素。要使这种淬灭作用降低到不重要的地位,淬灭剂的浓度必须降低到 10^{-4}mol/L 以下。

二、荧光的抗淬灭

在进行荧光探针的荧光标记后,常存在各种因素导致荧光淬灭或衰减。标记样品的荧光褪色/漂白是在荧光显微镜、激光共聚焦显微镜观察时遇到的主要问题。激光扫描共聚集显微镜由于具有更强的功率和聚焦更准确的光束,因此与普通荧光显微镜相比,标本的光漂白作用更为明显,荧光团的荧光可在连续的观察过程中逐渐减弱或消失。因此,应考虑使用抗荧光淬灭剂(抗荧光衰减剂),抗荧光淬灭剂的应用可减慢荧光衰减的过程,获得更长的观察时间进行荧光测定术(或荧光定量分析)和模式识别(pattern recognition),许多因素对荧光强度和荧光团的光漂白有影响,如激发光的强度(功率)、pH、溶液的性质,以及存在其他使荧光淬灭的物质等。根据已经提出的几种光漂白的假说,包括氧自由基的损伤作用和蛋白变性,在进行荧光探针的荧光标记后,常存在各种因素导致荧光淬灭或衰减,因此在许多情况下应考虑使用抗荧光衰减剂。现已有不少公司推出了一些有效的荧光保护剂,可以延缓荧光淬灭的时间。一些常用的和最有效的抗荧光衰减剂的优缺点比较如下。

(一)常用的抗荧光淬灭剂

1. p-苯二胺(phenylene diamine,PPD)

PPD虽然是最有效的抗淬灭剂之一,但对光和热都有较强的敏感性,而且具有毒性,因此限制了其在体内研究中的应用。较理想的PPD抗淬灭剂混合液配方是:90%甘油、10%PBS,其中PPD浓度为2~7mmol/L,最终pH为8.5~9.0。

2. n-丙基没食子酸盐(propyl gallate,NPG)

NPG无毒性,对光和热稳定,但抗荧光漂白的效果不如PPD,可用于体内研究。推荐浓度在3~9 mmol/L,用甘油配制效果也不错。

(二)抗荧光淬灭试剂盒

经过不可逆的光漂白过程可导致荧光强度的显著降低或消失,将明显降低检测的灵敏度,尤其在目标分子的含量相对较低、激发光较强或持续检测时间较长的情况下更为明显。为减少荧光样本的光漂白作用,分子探针公司专门生产了几种抗荧光淬灭试剂盒:ProLong、SlowFade 和 SlowFade Light,已经证明它们可增强许多用于固定细胞和组织以及游离细胞标本的荧光探针的光稳定性。抗淬灭剂的主要功能是保持荧光探针的荧光强度,通常是通过抑制活性氧基的产生和释放而发挥作用的。常用试剂盒简介如下:

1. ProLong 抗淬灭试剂盒

ProLong 抗淬灭试剂盒的组成部分包括:①ProLong 抗淬灭剂粉末;②ProLong 封片剂;③标本封片过程的实验步骤。

使用该试剂封片,可使大多数荧光探针的荧光淬灭减弱或不发生荧光淬灭。牛肺动脉内皮细胞(BPAE)用荧光黄次毒覃环肽标记,用 PBS 作为封片剂 30s 后,光漂白使荧光强度下降约为初始荧光强度的 12%,而使用该试剂盒封片在同样条件下则保持不变。在用荧光黄标记 Hep-2 细胞时,采用该试剂封片比采用含有 p-苯二胺的试剂封片得到的荧光强度更强。在 Texas Red 染色时,采用该试剂可显著增强其荧光强度。该试剂也可有效抑制以下荧光探针的淬灭:四甲基罗丹明(tetramethylrhodamine)、DNA-结合的核酸探针,如 DAPI 及碘化丙锭(propidium iodide)和 YOYO-1。由于其适用范围较广,而且对多数荧光探针都具有抗光漂白作用,因此是进行荧光多标记的常用试剂,常应用于多种标记的荧光原位杂交(fluorescence in situ hybridization,FISH)。

2. SlowFade 和 SlowFade Light 抗淬灭试剂盒

SlowFade 抗淬灭试剂盒的原始配方可将荧光黄的荧光淬灭速率减小到零,尤其适用于激光扫描共聚焦显微镜的定量测定,因为其在进行测定时往往要求激发强度相对较强,而且采集时间也较长,容易造成荧光淬灭。SlowFade 试剂可使荧光黄的有效荧光发射扩大 50 倍以上,用该试剂封片后,细胞和组织中的荧光信号可保持两年之久。原始的 SlowFade 配方实际上可使荧光黄的荧光完全淬灭,几乎也可使小瀑布蓝(Cascade Blue)和 Alexa Fluor 350 荧光团的荧光完全淬灭。为克服这种局限,分子探针公司的研究人员又研制了 SlowFade Light 抗淬灭试剂盒。该衰减剂的配方使荧光黄的荧光衰减速率降低 5 倍,而荧光黄的初始荧光强度没有显著降低,因此使光学显微镜的信噪比显著提高。此外小瀑布蓝、Alexa Fluor 350、Texas Red 的淬灭也达到最小。实际上,SlowFade Light 抗淬灭试剂盒可将小瀑布蓝的衰减速率几乎降到零,而其发射强度仅降低约 30%,每一种 SlowFade 或 SlowFade Light 抗淬灭剂试盒的组成包括:①SlowFade 或 SlowFade Light 抗淬灭剂,其储存于甘油中,即用型,足够封片 200 张;②2× 浓缩的 SlowFade 或 SlowFade Light 抗淬灭剂溶液,用于那些不适合用甘油作为封片液的实验中;③平衡缓冲液,可提高样品的 pH 值,并增加两种抗淬灭剂配方的保护作用。

另外,还有用于蓝色核衬染荧光探针 DAPI 的 SlowFade 和 SlowFade Light 抗衰减试剂盒,加入该试剂有防止光漂白的作用。SlowFade 试剂盒与 ProLong 试剂盒不同,使用时不需要混合,将荧光标记的标本用该试剂盒提供的平衡缓冲液简单洗涤后,即可将封片剂直接加在玻片上封片。

3. 其他抗荧光淬灭方法

采取以下措施,可使活性细胞或非活性标本的荧光强度得到增强:①使用中密度滤片;②采用高数值孔径的物镜;③相对较低的放大倍数;④高质量光学滤片和高速胶片;⑤高效能检测器。

第三节 荧光光谱与荧光强度分析

一、荧光的激发光谱和发射光谱

既然荧光是一种光致发光现象,那么,由于分子对光的选择性吸收,不同波长的入射光便具有不同的激发效率。如果固定荧光的发射波长(即测定波长)而不断改变激发光(即入射光)的波长,并记录相应的荧光强度,那么所得到的荧光强度对激发波长的谱图则称为荧光的激发光谱(简称激发光谱)。如果使激发光的波长和强度保持不变,而不断改变荧光的测定波长(即发射波长)并记录相应的荧光强度,那么所得到的荧光强度对发射波长的谱图则为荧光的发射光谱(简称发射光谱)。激发光谱反映了在某一固定的发射波长下所测量的荧光强度对激发波长的依赖关系;发射光谱反映了在某一固定的激发波长下所测量的荧光的波长分布。

化合物溶液的发射光谱通常具有如下特征。

(一)斯托克斯位移

在溶液的荧光光谱中,所观察到的荧光的波长总是大于激发光的波长。斯托克斯在 1852 年首次观察到这种波长移动的现象,因而称为斯托克斯位移。

斯托克斯位移说明了在激发与发射之间存在着一定的能量损失。如前所述,激发态分子在发射荧光之前,很快经历了振动松弛或/和内转化的过程而损失部分激发能,致使发射相对于激发有一定的能量损失,这是产生斯托克斯位移的主要原因。此外,辐射跃迁可能只使激发态分子衰变到基态的不同振动能级,然后通过振动松弛进一步损失振动能量,这也导致了斯托克斯位移。溶剂效应及激发态分子所发生的反应,也将进一步加大斯托克斯位移现象。

应当提及的是,在以激光为光源双光子吸收的情况下,会出现荧光测定波长(发射波长)比激发波长来得短的现象。

(二)发射光谱的形状通常与激发波长无关

虽然分子的吸收光谱可能含有几个吸收带,但其发射光谱却通常只含有一个发射带。绝大多数情况下即使分子被激发到 S_2 电子态以上的不同振动能级,然而由于内转化和振动松弛的速率是那样的快,以致很快地丧失多余的能量而衰变到 S_1 态的最低振动能级,然后发射荧光,因而其发射光谱通常只含一个发射带,且发射光谱的形状与激发波长无关,只与基态中振动能级的分布情况以及各振动带的跃迁概率有关。

不过也有例外,由于其 S_1 与 S_2 两个电子态之间的能量间隔比一般分子来得大,因而它可能由 S_2 和 S_1 电子态发生荧光。又如某些荧光体具有两个电离态,而每个电离态显示不同的吸收和发射光谱。

在吖啶的甲醇溶液中,若以 313nm 或 365nm 光激发时,则观察到的是通常的荧光光谱。然而,若以 385、405 或 436nm 光激发时,便会观察到光谱的突然红移,形状也有改变,该荧光光谱则是相应于吖啶阳离子的发射。这种现象被称为边缘激发红移(edgeexcitation red-shift,简称 EERS)现象,且被认为与激发态的质子迁移反应有关。

二、散射光对荧光分析的影响

在测量溶液的荧光强度时,通常应注意溶剂的散射光(瑞利散射和拉曼散射)、胶粒的散射光(丁铎尔效应)及容器表面的散射光的影响问题。上述几种散射光除拉曼散射外均具有与激发光相同的波长。拉曼散射光的波长与激发波长不同,通常要比激发波长稍长一些,且随激发波长的改变而改变,但与激发波长维持一定的频率差。

拉曼光发生的时间比荧光发生的时间约快 10^7 倍,但其强度很弱,仅及荧光强度的数千分之一。如上所述,拉曼光没有固定的波长,其波长随激发波长的改变而改变,但拉曼光的频率与激发光的频率却有一定的差值。如将某些双原子分子的主拉曼线和激发光的频率差值,与这些分子的近红外光谱的主吸收谱带的频率相比较,则两者数值相当符合,足见主拉曼线的形成是分子和光子相互作用时振动能级跃迁的结果。在主拉曼线左右的弱拉曼线,是分子和光子相互作用时转动能级发生跃迁的结果。拉曼谱线与激发线的频率差值是分子的振动能级与转动能级跃迁的结果,是分子及分子中各种基团和键的特性。因此,拉曼谱线常用于分子结构的研究。

拉曼光的频率与激发光的频率之间的差值既然相当于分子的振动转动频率,那么对于某一给定的物质,频率差值或波数差值是固定的常数值,和激发光的频率无关。如水在不同的汞射线的照射之下,它的拉曼光的频率随激发光的频率而异,但波数的差值却保持在 $0.335\sim0.340\mu m^{-1}$。

由图 1-3 可以看出水溶剂的拉曼光对奎宁硫酸盐溶液的荧光的干扰情况。用 365nm 射线作为激发光时,水溶剂的拉曼光的波长是 416nm。在测绘浓度为 0.1mg/mL 的奎宁硫酸盐溶液的荧光光谱时,因仪器的灵敏度调得不高,溶剂的拉曼光的干扰还不大明显,但在测绘浓度为 0.01mg/mL 的溶液的荧光光谱时,因需调高仪器的灵敏度,这时候拉曼光的强度随之加大,它的峰高甚至高过了奎宁硫酸盐的荧光峰,干扰相当严重。

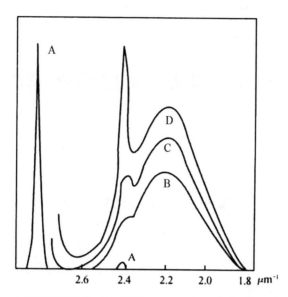

A. 水溶剂的拉曼光, 低灵敏度; B. 0.1μg/mL 溶液, 低灵敏度;
C. 0.033μg/mL 溶液, 较高灵敏度; D. 0.01μg/mL 溶液, 更高灵敏度

图 1-3　硫酸奎宁的荧光光谱受水溶剂的拉曼光的干扰

第二章　荧光与分子结构的关系

第一节　无机盐的荧光

一、镧系元素

镧系元素三价离子的无机盐和磷光晶体都会发光,这些元素有 Ce、Pr、Nd、Pm、Sm、Eu、Gd、Tb 和 Dy 诸元素。其中 Ce(Ⅲ)、Pr(Ⅲ)和 Nd(Ⅲ)盐发射的光谱谱带很宽,它属于电子从 5d 层向 4f 层跃迁的发射;而 Sm(Ⅲ)、Eu(Ⅲ)、Tb(Ⅲ)和 Dy(Ⅲ)盐发射线状光谱,它属于 4f 层电子跃迁的发射。在磷光晶体中,由 Ce(Ⅲ)到 Yb(Ⅲ)诸元素会发射线状光谱,它属于 f 层电子的跃迁。Ce(Ⅲ)的磷光体,其发射光谱落于近红外线区,而 Gd(Ⅲ)的磷光体,其发射光谱却落于紫外线区。

磷光晶体的发光与下述的吸收谱带被激发有关,这些吸收谱带为:①允许的 4f→5d 跃迁,这些元素为 Ce(Ⅲ)和 Tb(Ⅲ);②4f 层内的禁带跃迁,这些元素为 Nd(Ⅲ)、Dy(Ⅲ)、Ho(Ⅲ)、Eu(Ⅲ)和 Tu(Ⅲ);③由 CT 基团到镧系离子的电荷转移;④由基体的 VO_4^{3-}、NbO_4^{3-} 和 Mo_3^{3-} 基团到铜系离子的电荷转移。

磷光晶体中,如有痕量的活化剂杂质存在,则其发光强度将受到很大影响,这种效应已用于荧光分析,用来测定某些非发光离子,如用 $BaSO_4 \cdot Eu$ 的发光来测定 PO_4^{3-},以及用 CaF2-Fr 的发光来测定 Y(Ⅲ)、La(Ⅲ)和 Gd(Ⅲ)等镧系元素(达 $1 \times 10^{-6}\%$)。

二、类汞离子

属于这类离子的有 $Tl(I)$、$Sn(II)$、$Pb(II)$、$As(III)$、$Sb(III)$、$Bi(III)$、$Se(IV)$ 和 $Te(IV)$，它们具有汞原子的电子层结构，即 $1s^2 \cdots np^6 nd^{10}(n+1)S^2$。在固化的碱金属卤化物（或氧化物）溶液中，它们的磷光体都会发磷光。室温时，$Tl(I)$、$Sn(II)$ 和 $Pb(II)$ 的卤素配合物，其磷光较弱，低温时，其磷光较为强烈。$As(III)$、$sb(III)$、$Bi(III)$、$se(IV)$ 等的卤素配合物，仅在冷冻时才能观测到磷光。由大量的实验得知，这类发光体的吸光中心和磷光中心都是类汞离子，它们的能级受介质的作用而变形，卤化物中离子的能级比晶体中的能级相互更加靠近，使得吸收光谱红移不明显，而磷光有较大的红移。吸收光谱由短波区的一个宽谱带（$^1S_0 \to {}^1P_1$ 跃迁）和长波长区的三个分辨率较差的谱带（$i_0 \to {}^3P_{0,1,2}$）所组成。磷光光谱包括了与 $^3P_{0,1,2} \to {}^1S_0$ 跃迁有关的相互重叠的谱带，根据选择规则，最大可能的跃迁是 $^3P_0 \to {}^1S_0$ 和 $^3P_1 \to {}^1S_0$ 的跃迁。类汞离子的卤化物配合物，只有在 $^1S_0 \to {}^3P_{0,1,2}$ 跃迁区被激发才会发光。

三、铬

铬具有 $1s^2 \cdots 3p^6 3d^3$ 的电子构型，它与无机配位体或有机配位体所形成的配合物，其固态、溶液都会发光。磷光光谱结构比荧光光谱更有规则，使得磷光法测定铬比荧光法更有价值。铬配合物的发光强度与温度有密切关系，一般温度要降至 4K，其温度淬灭作用才能停止。

四、铀

铀(IV)具有 $1s^2 \cdots 5s^2 5p^6 5d^{10} 6s^2 6p^6$ 的电子构型，而 O^{2-} 具有 $1s^2 2s^2 2p^6$ 的电子构型。这两种元素原子轨道的叠加形成 UO_2^{2+} 的分子轨道。许多铀(III、IV 和 VI)的无机物均会发光，分析化学中应用得较多的是 UO_2^{2+} 与无机或有机配位体所形成的配合物和磷光晶体。

U(VI)的无机盐在 $200\sim300nm$ 波长区有强吸收带，而在 $330\sim550nm$ 波长区有弱吸收带。对 U(VI)的高氯酸溶液的吸收光谱和发射光谱研究则揭示出有 24 种跃迁,它们被划分为 7 个主要谱带,在 $520 \sim 620\text{nm}$ 波长区, 也存在着几个谱带且其荧光光谱与吸收光谱很相似。这种盐类荧光寿命很长, τ 约为 10^{-4} s;当淬灭剂不存在时,其荧光产率 ϕ_F 约为 1。铀(Ⅵ)盐的吸收和发光本质尚不清楚,说法不一,这里不再赘述。

铀(Ⅵ)的荧光分析多采用水溶液体系和磷光晶体两种方法。

水溶液体系:多采用 $Na_3P_3O_9$、HF、H_3PO_4 和 H_2SO_4 的水溶液。 UO_2^{2+} 的荧光强度与配位体的性质、浓度、酸度、U(M)的离子态、杂质等因素有关。通常采用在 EDTA 存在下用 TBP 溶液进行萃取,然后用 $Na_3P_3O_9$ 溶液或有关的酸进行反萃取。近来,多采用在 pH7~8 的焦磷酸介质中,以 337.1nm 的氮分子脉冲激光激发,用时间分辨荧光法进行测定, 该法 UO_2^{2+} 的检测灵敏度达 0.01ppb。

磷光体体系:铀(Ⅵ)的磷光体测定法多用碱金属、碱土金属的磷酸盐、碳酸盐和氟化钠为基体。当以氟化钠为基体时,可检测 $10^{-5}\mu\text{g}$ 的 U(Ⅵ)。 过渡金属离子是强烈的淬灭剂,测定前应预先除去。

第二节　有机化合物的荧光

一、分子的电子结构

(一)σ 键

沿核间联线方向由电子云重叠而形成的化学键称为 σ 键,每个键可容纳两个电子。σ 键可分为共价键和配位键两种,共价键的两个电子分别来自两个原子,配位键两个电子来自同一原子而后由两个原子共享。当电子云集中于其中一原子时,这种键称为极性共价键。σ 键的电子云多集中于两原子之间,原子间结合较牢,因此,要使这类电子激发到空着的反键轨道上去,就需要有相当大的能量,这就意味着分子的 σ 键的电子跃迁发生于真空紫外区(波长短于 200nm),这种键的跃迁我们不感兴趣,我们感兴趣的是吸收光谱位于近紫外线区至近红外线区,即波长落于 $220 \sim 800\text{nm}$ 区。

（二）π 键

当两个原子的轨道（P 轨道）从垂直于成键原子的核间联线的方向接近，发生电子云重叠而成键，这样形成的共价键称为 π 键。π 键通常伴随 σ 键出现，π 键的电子云分布在 σ 键的上下方，图 2-1 为 N_2 分子三键的示意图。σ 键的电子被紧紧地定域在成键的两个原子之间，π 键的电子相反，它可以在分子中自由移动，并且常常分布于若干原子之间。如果分子为共轭的 π 键体系，则 π 电子分布于形成分子的各个原子上，这种 π 电子称为离域π 电子，π 轨道称为离域轨道。某些环状有机物中，共轭 π 键延伸到整个分子，如多环芳烃就具有这种特性。

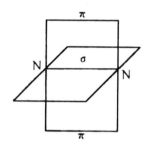

图 2-1　n 分子的三键示意图

由于 π 电子的电子云不集中在成键的两原子之间，所以它们的键合远不如 σ 键牢固，因此，它们的吸收光谱出现在比 σ 键所产生的波长更长的光区。单个 π 键电子跃迁所产生的吸收光谱位于真空紫外区或近紫外线区；有共轭 π 键的分子，视共轭度大小而定，共轭度小者其 π 电子跃迁所产生的电子光谱于紫外线区，共轴度大者则位于可见光区或近红外线区。

二、荧光与分子结构

（一）共轭 π 键体系

发生荧光（或磷光）的物质，其分子都含有共轭双键（π 键）体系。共轭体系越大，离域 π 电子越容易激发，荧光（或磷光）越容易产生。大部分荧光物质都具有芳环或杂环，芳环越大，其荧光（或磷光）峰越移向长波长方向，且荧光强度往往也较强，如苯和萘的荧光位于紫外区，蒽位于蓝区，丁省位于绿区,戊省位于红区。

同一共轭环数的芳族化合物,线性环结构者的荧光波长比非线性者要长,如蒽和菲,其共轭环数相同,前者为线性环结构,后者为"角"形结构,前者荧光峰位于 400nm,后者位于 350nm;又如丁省和苯并[a]蒽,它们的荧光峰分别为 480nm 和 380nm;Se-重氮配合物亦有类似现象,3,4-苯并硒二唑荧光波长约位于 400nm,荧光很弱,而 4,5-苯并硒二唑荧光波长约位于 526nm,且荧光强得多。

多环芳烃的第一激发带光谱和发射光谱常呈现镜像对称关系,且往往具有精细的振动结构,即使是室温溶液亦一样。多环芳烃是重要的大气污染物,其中苯并[a]芘是著名的强致癌物,是环境必需监测的项目。这些化合物的(H)带斯托克斯位移较小,一般为 2～5nm,样品溶液只要各组分浓度不大($<10^{-6}$ mol/L),则可以在不分离的情况下采用 $\Delta\lambda=3$nm 的同步荧光法或同步-导数荧光法,同时进行多组分的鉴别和测定。

(二)刚性平面结构

荧光效率高的荧光体,其分子多是平面构型且具有一定的刚性,如荧光黄(亦称荧光素)呈平面构型,是强荧光物质,它在 1.0mol/LnaOH 溶液中的荧光效率为 0.92,而酚酞没有氧桥,其分子不易保持平面,不是荧光物质;芴和联苯,在类似的条件下,前者的荧光效率接近于 1,而后者仅为 0.20,它们的差别也在于前者(芴)有了亚甲基的加入,使芴的刚性增强的缘故;萘和维生素 A 都具有 5 个共轭 π 键,前者为平面结构,后者为非刚性结构,因而萘的荧光强度为维生素 A 的 5 倍;同样道理,偶氮苯不发荧光。

刚性的影响,也可以由有机配合剂与非过渡金属离子组成配合物时荧光大大加强的现象来加以解释。刚性的影响还可从取代基之间形成氢键,从而加强分子刚性结构和增强荧光强度来得到解释,如水杨酸(即邻羟基苯甲酸)的水溶液,由于能生成氢键,因而其荧光强度比对(或间)羟基苯甲酸大。

一些有趣的发光现象与荧光体的非刚性平面结构有关。这些荧光体往往含有两个或多个会发荧光的结构,如 2-苯萘的荧光,常可观测到其荧光峰波长与激发光波长有关,这违背了荧光波长、荧光产率与激发光波长无关的一般规律。这种反常现象被归因于存在着 2-苯萘的基态转动构型(conformers)分布。

由烷链(或 C—C 单键)隔开的芳烃分子亦常呈现不一般的荧光光谱,

其光谱可能简单地类似于两个或多个没有相互作用的芳烃,如 1,1-二萘,其荧光几乎和萘没有差别,尤其是低温时更是这样。

能量转移:某些化合物可能发生分子内能量转移,如荧光体含有一个萘分子和一个蒽分子,中间以 $n=1\sim3$ 的烷基链连接在一起。萘和蒽的吸收光谱有很大的差别,当用萘的吸收光谱中的波长光激发上述的荧光体时,即使是 $n=3$,也只能观察到蒽的荧光。该荧光体的吸收光谱实际上是 1-甲基萘和 9-甲基蒽"双分子"吸收光谱的组合,可见其基态和激发态通过烷基共轭是不大可能的。因此,人们猜测,可能是在该荧光体的寿命期间内,由于萘和蒽靠得很近,通过 Forster 的共振耦合作用,使能量由萘转移给蒽。

生成激发态二聚物:在个别情况下,非刚性分子亦可能由一激发分子和一基态分子组成一过渡性的激发态-基态分子二聚物,当这种二聚物分解为两个基态分子时会发射出荧光。

(三)取代基的影响

1.给电子取代基

属于这类基团的有—NH_2、—NHR、—NR_2、—OH、—OR、—CN。含这类基团的荧光体,其激发态常由环外的羟基或氨基上的 n 电子激发转移到环上而产生的。由于它们的 n 电子的电子云几乎与芳环上的 π 轨道成平行,因而实际上它们共享了共轭 π 电子结构,同时扩大了其共轴双键体系。因此,这类化合物的吸收光谱与发射光谱的波长,都比未被取代的芳族化合物的波长长,荧光效率也提高了许多。这类荧光体的跃迁特性不同于一般的 n→$π^*$ 跃迁,而接近于 $π→π_1^*$ 跃迁,为区别于一般的 n,$π_1^*$ 态,通常称它为 $π_1→π_1^*$ 跃迁。为简化起见,下面把它归类于 π,$π_1^*$ 型中讨论。

在讨论这类取代基对荧光特性的影响时要特别小心,因为这类基团都有未键合的 n 电子,所以它们容易与极性溶剂生成氢键。当取代基具有酸基或碱基时,则在酸、碱性介质中容易转化为相应的盐或质子化,如酚类在碱性介质中转为酚盐,—OH 基转为—O^- 离子,通常酚盐的荧光强度要比其共轭酸弱得多。胺类的—NH_2 基在酸性介质中会质子化为—NH_3^+,荧光强度也相应变弱。

2. 得电子取代基

这类取代基取代的荧光体,其荧光强度一般都会减弱,而其磷光强度一般都会相应增强。属于这类取代基者有羰基、硝基和重氮类。这类取代基也都含有 n 电子,然而其 n 电子的电子云并不与芳环上的 π 电子云共平面,不像给电子基团那样与芳环共享共轭 π 键和扩大其共轭 π 键。这类化合物的 $n \to \pi_1^*$ 跃迁是属于禁戒跃迁,摩尔吸光系数很小(约为 10^2),最低单线激发态 S_1 为 n, π_1^* 型,$S_1 \to T_1$ 的系间窜越强烈,因而荧光强度都很弱,而磷光强度相应增强。如二苯甲酮其 $S_1 \to T_1$ 的系间窜越产率接近于 1,它在非酸性的介质中的磷光很强。硝基—NO_2 对荧光体荧光的抑制作用尤为突出。如硝基苯不发荧光,其系间窜越产率为 0.60,可是令人费解的是其磷光强度也很弱,因此,人们认为,可能产生比磷光速率更快的非辐射 $T_1 \to S_0$ 的系间窜越或产生光化学反应。由于硝基苯不发荧光和 $S_1 \to T_1$ 的产率为 0.60,可见硝基苯的 $S_1 \to S_0$ 非辐射跃迁的产率接近于 0.40。

和给电子基团取代基一样,由于它们亦都含有未键合的 n 电子,因此对溶剂的极性和酸碱度都较为敏感,如某些硝基芳烃,在酸性的玻璃体中会发荧光而不发磷光,这种现象被归因于硝基的质子化,使得原来最低单线态 S_1 为 n, π_1^* 者转为 S_1 为 π, π_1^*。

应指出的是,不论是给电子基团或得电子基团的取代,不仅影响到荧光体的荧光强度和波长,还会使荧光体的激发谱和发射谱中的精细振动结构丧失。

3. 重原子的取代

荧光体取代上重原子之后,荧光减弱,而磷光往往相应增强。所谓重原子取代,一般指的是卤素(Cl、Br 和 I)取代,芳烃取代上卤素之后,其荧光强度随卤素原子量的增加而减弱,而磷光通常相应地增强,这种效应通称为"重原子效应"。这种效应被解释为,由于重原子的存在,使得荧光体中的电子自旋-轨道耦合作用加强、$S_1 \to T_1$ 的系间窜越显著增加,结果导致荧光强度减弱、磷光强度增加。有趣的是氟取代的芳烃,其荧光比原芳烃弱,而 $S_1 \to T_1$ 系间窜越并没有明显提高,显然氟的取代主要是提高了非发光的 $S_1 \to S_0$ 的内转换过程。

荧光素和氯代荧光素的磷光极弱,难以观测到;而溴和碘的取代物则表现出磷光;溴和碘的充分取代物,其磷光反而减弱,寿命缩短,ϕ_P / ϕ_F 比值没有显著增大。由上可见,重原子卤素的取代,不仅促进了 $S_1 \rightarrow T_1$ 的系间窜越,也促进了 $S_1 \rightarrow S_0$ 非发光的内转换过程。

重原子效应不仅出现于重原子取代物的荧光体上,也出现于含重原子的溶剂中。当溶剂含有重原子时,没有被重原子取代的荧光体亦会出现上述的效应。

(四)最低单线激发态 S 的性质

1. 最低单线激发态 S_1 为 π,π_1^* 者

不含杂原子(N,O,S 等)的有机荧光体均属于这一类,其特点是最低单线电子激发态 S_1 为 π,π_1^* 型,即 $\pi \rightarrow \pi_1^*$ 跃迁。它属于电子自旋允许的跃迁,摩尔吸光系数大约为 10^4,比 $n \rightarrow \pi_1$ 或 $n \rightarrow \sigma_1^*$ 跃迁大百倍以上;荧光强度大,因荧光是吸光的逆过程,所以只有强吸收光才有可能发强荧光;在刚性的溶剂中常有数量级与荧光强度相当的磷光。

2. 最低单线激发态 S_1 为 n,π_1^* 者

含有杂原子氮、氧、硫等的有机物多数属于这一类,它们都含有未键合的 n 电子,其特点是:最低单线激发态 S_1 为 n,π_1^* 型,即 $n \rightarrow \pi_1^*$ 跃迁;属于电子自旋禁戒跃迁,摩尔吸光系数小,约为 10^2;荧光微弱或不发荧光,因为其分子 $S_1 \rightarrow T_1$ 系间窜越强烈;在低温和刚性溶剂中有较强的磷光;溶剂的极性、酸碱度对它们的发光性质影响强烈,容易与溶剂生成氢键、或质子化、或形成盐类。下面将对含氮、氧(羰基)的部分有机荧光体进行介绍。

(1)含氮杂环有机物。

含氮杂环有机物是研究的较多的杂环有机物,它们的每个分子都含有一个或多个氮原子。在非极性的介质中,它们的荧光很弱,随着介质(溶剂)极性的提高,其荧光强度亦随之提高。又如 8-羟基喹啉和铁试剂(7-碘-8-羟基喹啉-5-磺酸)在强酸性的介质中会质子化,从而使原来最低单线激发态 S_1 为 n,π_1^* 型者转为 S_1 为 π,π_1^* 型,荧光也由弱变强。

(2)含羰基的有机物。

一是含羰基的芳族化合物。大多数羰基芳族化合物的单线最低电子激发态 S_1 为 n,π_1^* 能层,由于 S_1 的 n,π_1^* 能层和 T_1 的 π,π_1^* 能层间隔很小,

加上电子自旋轨函耦合作用,$S_1 \rightarrow T_1$ 的系间窜越很强烈,其效率接近于 1,因而大量芳醛和芳酮都会发强烈的磷光而不发荧光,仅有少数例外。如 9-芴酮可观测到荧光,这种现象被解释为,其单线第一电子激发态 S_1 为 π,π_1^* 能层而不是 n,π_1^* 能层。某些芳酮在惰性和除氧的溶液中会发荧光和发热激活的退滞荧光。这类化合物的磷光都产生自最低的三线态 T_1 的 π,π_1^* 能层或 n,π_1^* 能层。要弄清磷光产生自 π,π_1^* 能层或 n,π_1^* 能层并不难,可用重原子效应的办法来加以辨别,重原子取代对磷光强度影响强者其 T_1 态为 π,π_1^* 能层,影响弱者其 T_1 态为 n,π_1^* 能层。

能量转移:有些芳酮会发生分子内的能量转移,例如 4-苯基苯酰苯这种分子的吸收光谱很像苯酰苯,而它的磷光却很像联苯,因此,人们猜测,联苯的最低三线态 T_1 的 π,π_1^* 能层位于苯酰苯的最低三线态 T_1 的 n,π_1^* 能层的下方,造成能量由苯酰苯的 T_1 态向联苯的 T_1 态转移,最后由联苯的 T_1 态 π,π_1^* 能层返回基态并发射出磷光。以烷基链($n=1 \sim 3$)隔开的苯酰苯和萘的化合物亦有类似的能量转移的现象。这种化合物的吸收光谱基本上是 4-甲基苯酰苯和 1-甲基萘两者的组合。前者的最低单线态 S_1 为 n,π_1^* 能层,后者的最低单线态 S_1 为 π,π_1^* 能层。根据一般规律,其 S_1 的 n,π_1^* 能层位于 S_1 的 π,π_1^* 能层下方,其 T_1 的 n,π_1^* 能层位于 T_1 的 π,π_1^* 能层的上方。当选用甲基萘激发光谱中的波长光激发该化合物时,甲基萘基团受激发,通过快速地内转换之后(约 10^{-12}s)降至甲基萘的 S_1 态的 π,π_1^* 能层,紧接着能量转移给 4-甲基苯酰苯基团,并形成 4-甲基苯酰苯 S_1 的 n,π_1^* 激发态。4-甲基苯酰苯的 S_1 态又经历着本身的系间窜越而降至 T_1 态的 n,π_1^* 能层,接着又发生能量由 4-甲基苯酰苯的 T_1 态转移给甲基萘的 T_1 态 π,π_1^* 能层,最后由甲基萘的 T_1 态 π,π_1^* 能层返回基态并发射出磷光。这种能量在甲基萘和 4-甲基苯酰苯间来回快速转移,导致其磷光光谱与甲基萘相似,而磷光量子产率远远大于甲基萘。

二是脂肪族醛和酮。脂肪族醛和酮常会发出弱的荧光,但比多数含羰基的芳香物的荧光要强得多。这种现象被解释为最低的三线态 T_1 为 n,π_1^* 对能层而不是 π,π_1^* 能层。由于最低单线态 S_1 为 n,π_1^* 者向最低三线态 T_1 为 n,π_1^* 者的系间窜越(即 $S_1 \rightarrow T_1$)效率差,因而会发射出弱的荧光。

(3)叶绿素。

叶绿素(chlorophyll)在植物的光合作用中起着极重要的作用。叶绿素中主要有叶绿素 a 和叶绿素 b 两种。

在高等植物中叶绿素 a 和叶绿素 b 二者之比约为 3：1。叶绿素 a 和叶绿素 b 都不溶于水，但能溶于酒精、丙酮和石油醚等有机溶剂。叶绿素 a 呈蓝绿色，而叶绿素 b 呈黄绿色。叶绿素的化学组成为

$$叶绿素\ a \quad C_{55}H_{72}O_5N_4Mg$$
$$叶绿素\ b \quad C_{55}H_{70}O_6N_4Mg$$

叶绿素分子含有四个吡咯环，由 CH 的"桥"连成一个主环（卟吩），它是所有卟啉的母体。每一卟啉中心都有一个金属原子，血红色素中为铁，叶绿素中为镁。另外有一个含羰基和羧基的副环（即第 V 环），羧基以酯键和甲醇结合，叶绿醇则以酯键和第Ⅳ吡咯环侧键上的丙酸相结合。叶绿醇是高分子量的碳氢化合物，是叶绿素的亲脂部分，它具有亲脂性。叶绿素分子的"头部"是金属叶琳环，其镁原子倾向于带正电性，而氮原子含有未键合的 n 电子，所以其头部具有亲水性，可以和蛋白质结合。叶绿素的另一特点是第Ⅳ环上少了一个双键，是二氢卟吩的衍生物。

叶绿素有两个特异的强吸收带，有一位于蓝紫区，另一位于红色区。位于蓝区的吸收带通常称为索瑞带（Soretband），它为叶琳类衍生物所共有；位于红色区的吸收带只有叶绿素和其他二氢卟吩衍生物才具有。

叶绿素 a 和叶绿素 b 的吸收光谱很相似，但略有不同。溶于乙醚中的叶绿素 a，其索瑞带峰位于 430nm，其红色区吸收峰位于 660nm；叶绿素 b 的两个吸收带距离较近，索瑞带位于 435nm，红色区带位于 643nm。

在不同的溶剂中，叶绿素 a 和叶绿素 b 的荧光产率不尽相同。由于荧光光谱与红色区的吸收峰有较大程度的重叠，因此，当叶绿素 a 和叶绿素 b 两者共存且浓度大于 1×10^{-6} mol/L 时，则会产生内滤效应和分子间能量转移现象。作者根据叶绿素的吸收光谱和发射光谱特性，已建立叶绿素 a 和叶绿素 b 的同步荧光分析、二阶导数分析和多波长荧光法。

由于叶绿素具有两个很难得的特性：一是有约 250nm 的斯托克斯位移（用索瑞带激发），这是其他荧光体难以办到的；二是叶绿素的头部亲极性溶剂，尾部亲非极性溶剂，因此已被建议作为免疫分析的荧光探针。

随着光合作用研究的逐步深入，人们越来越注意活体叶绿素的研究。据报（a：b＝3：1），它相当于一个细胞内的浓度为 0.1mol/L。活体外叶绿素 a 的荧光产率约为 30％，而活体内的仅为 3％～6％。活体内叶绿素的荧光峰有显著红移，例如小球藻的荧光主峰为 689nm、次峰为 725nm，而高等植物叶片的荧光主峰红移至 745nm，其作用机理尚不清楚。但通过光合作

用研究和电子顺磁共振实验得知,叶绿素在吸收光子几纳秒之后,发生电子的跃迁或迁移,而余下两个叶绿素分子共享一个未配对电子,因此,人们设想,光反应中心是一对平行的叶绿素环,靠蛋白质氨基酸基团上的氢键或水的氢键,紧密地结合在一起。

第三节 二元配合物的荧光

一、概述

由于大多数无机盐类的金属离子与溶剂之间的相互作用很强烈,使得激发态的分子或离子的能量因分子碰撞去活化作用,以非辐射的方式返回基态,或发生光化学作用,因而在紫外或可见光激发下发荧光者很少。为了扩大荧光分析的应用范围,多数把不发荧光的无机离子与有吸光结构的有机试剂进行配合,生成会发荧光的配合物,然后进行荧光测定。

能够与金属离子形成会发荧光的配合物的有机试剂,绝大多数是芳族化合物。这些有机配位体通常含有两个或两个以上的官能团,其中一个官能团能与金属离子形成 σ 键,如—OH、—NH_2、—SH 和—COOH 基团;另一官能团含有未配对电子(n 电子)的原子。这些官能团能与金属离子生成五元或六元环的配合物,生成配合物之前,这些试剂不发荧光或荧光很微弱,配合之后则会发荧光,如 8-羟基喹啉和 8-羟基喹啉-Zn(2∶1)配合物 8-羟基喹啉(HQ)金属配合物的结构已较细致地研究过,它与二价、三价和四价金属离子所生成的配合物分别为 MQ_2、MQ_3 和 MQ_4。含有官能团的羟基蒽醌染料和偶氮染料与 Al^{3+}、Be^{2+}、Ga^{3+}、Sc^{3+}、In^{3+}、Th^{4+}、Zr^{4+}、Zn^{2+} 等离子所形成的配合物在紫外线照射下会发荧光。

近来,某些本身发荧光又能与金属离子配合的有机试剂,已引起人们的注意。如 $\alpha,\beta,\gamma,\sigma$ 四苯基卟啉会发生红色的荧光,荧光峰位于 555nm,当与 Pd(Ⅱ)离子配合时,其荧光则淬灭技术与 4,5-二溴苯基荧光酮的配合亦有类似现象。

二元配合物中的发光类型,除上述的主要类型 $L^* \to L$ 发光和次要类型 $m^* \to m$ 发光者外,尚可能存在少数的 $\pi^* \to d$ 型及 $d^* \to d$ 型发光。

二、金属离子的发光类型

(一)$L^* \to L$ 型发光

属于这一类发光的金属离子最多,在荧光分析中应用也较广泛。除碱金属、碱土金属的离子之外,属于这一类的金属离子还有 Al(Ⅲ)、Ga(Ⅲ)、In(Ⅲ)、Tl(Ⅲ)、Ge(Ⅳ)、Sn(Ⅱ、Ⅳ)、Pb(Ⅱ、Ⅳ)、Sb(Ⅲ、Ⅴ)、Sc(Ⅲ)、Y(Ⅲ)、La(Ⅲ)、Zr(Ⅳ)、Hf(Ⅳ)、V(Ⅴ)、Nb(Ⅴ)、Ta(Ⅴ)、Mo(Ⅵ)、W(Ⅵ)、Cu(Ⅰ)、Ag(Ⅰ)、Zn(Ⅱ)、Cd(Ⅱ)、Hg(Ⅱ)、Gd(Ⅲ)、Lu(Ⅲ)、Th(Ⅳ)、Pr(Ⅲ)、Nd(Ⅲ)、Ho(Ⅲ)、Er(Ⅲ)、Tu(Ⅲ)和 Yb(Ⅲ)等离子。其中 Tl、Pb、Sb 具有两种氧化态,与有机配位体所形成的配合物只呈现微弱的荧光;Gd、Lu 和 Th 属于 $L^* \to L$ 发光,最后 6 种元素属于弱的 $L^* \to L$ 型发光,因为它们基本上都是顺磁性的,其 m_1 能层位于配位体 T_1 能层下方,同时在 T_1 与 S_0 能层间存在着多个 f 能层,增加了激发态热淬灭的可能性;Gd(Ⅲ)与不同的配位基配位时,其 m_1 能层可能位于 S_1 能层的上方而呈现强的 $L^* \to L$ 发光。

(二)$\pi^* \to d$ 型发光或 $d^* \to d$ 型发光

属于这类型的元素的主要氧化态是 Ru(Ⅱ)、Os(Ⅱ)、Co(Ⅲ)、Rh(Ⅲ)、Ir(Ⅲ)、Ni(Ⅱ)、Pd(Ⅳ)和 Pt(Ⅱ)。除 Pt(Ⅱ)外,其他元素的价电子逸去之后的离子都处于低自旋 d^6 构型,是抗磁性的。由于这些离子形成的配合物,其配位体轨函与金属轨函之间相互作用强烈,因此,它们的发光可能属于 $\pi^* \to d$ 型,也可能属于 $d^* \to d$ 型。

第四节 三元配合物的荧光

一、离子缔合物

(一)阳离子荧光染料-金属配阴离子

此类三元配合物系由二元配阴离子和阳离子荧光染料缔合而成。作为阳离子荧光染料的有机试剂主要为罗丹明类染料。

它们的荧光强度顺序为罗丹明 B<罗丹明 3B<罗丹明 4G<丁基罗丹明 B<罗丹明 6G。其他常用的荧光染料有吖啶、吖啶黄和藏红。

作为阴离子配位体的有卤素离子(Cl^-、Br^-、I^- 和 F^-)及 SCN^- 离子。作为配位中心的金属离子有 Ga(Ⅲ)、Sn(Ⅱ)、Ta(Ⅴ)、Te(Ⅳ)、In(Ⅲ)、Tl(Ⅲ)、Zn(Ⅱ)和 Mo(Ⅴ)等离子。

首先金属离子与阴离子配位体生成二元配阴离子,如生成 $TlCl_4^-$、$HgBr_4^{2-}$、TaF_6^-、$AuCl_4^-$、$SbCl_6^-$ 等,然后再与阳离子荧光染料生成三元配合物。

(二)阴离子荧光染料-金属配阳离子

这类三元配合物主要以卤代荧光素类作为阴离子荧光染料,如曙红($2',4',5',7'$-四溴荧光素)、四碘荧光素、四氯四碘荧光素、四溴二氯荧光素等,它们的荧光强度随卤代程度的增加而减弱,不同卤代物的荧光强度顺序为 Cl>Br>I。

作为配位中心的金属离子有 Ag(Ⅰ)、Zn(Ⅱ)和 Cd(Ⅱ)等的金属离子。

作为碱性配位体的有吡啶、8-羟基喹啉、a,a'-联吡啶、吡啶-2-醛-吡啶腙(PAPHY)等。

金属离子先与碱性配位体生成配阳离子,而后与阴离子染料生成三元配合物,如 Ag^+ 离子先与 8-羟基喹啉生成二元配阳离子配合物,而后与曙红生成三元配合物。

二、三元配合物

(一)L* →L 型发光

当一中心离子与一配位体形成二元配合物而尚有能力与另一配位体结合时,可能形成三元配合物,例如 B(Ⅲ)与桑色素的反应,当草酸盐不存在时,硼与桑色素生成 B-桑色素二元配合物,草酸盐存在时则生成 B-桑色素-草酸三元配合物。

这种三元配合物的荧光光谱与它的二元配合物相叠,而其荧光强度却增强了 10 倍。可见其发光中心仍是 B-桑色素二元配合物,另一配位体的加入可能抑制溶剂的碰撞去活化作用(内转换作用)而使荧光得到加强。

这类三元配合物是否能形成,要看金属离子(或非金属离子)的配位数和辅助配位剂的配位数而定。如 Nb(Ⅴ)有 8 个配位,配位剂邻苯二酚有 2 个配位,作为辅助配位剂的 EDTA 有 6 个配位,因此,三者在一起时可生成邻苯二酚 Nb-EDTA 三元配合物。若加入的辅助配位剂是四配位或八配位者,则与 Nb(Ⅴ)可能生成配位饱和的 1:2 或 1:1 二元配合物。在上例中,如用 EDTA 作为 Nb(Ⅴ)的辅助配位剂,则还可以同时消除六配位金属离子(例如 Fe^{3+} 和 Ti^{4+} 离子)的干扰。

具有 $3d^1$ 的钪、$4d^1$ 的钇和 $5d^1$ 电子的镧、钇、镥的三价金属离子,可形成会发荧光的三元配合物,例如钪和镥的三价离子与桑色素、安替比啉可形成此类的三元配合物。

(二)m* →m 型发光

在上节的二元配合物中已提到,某些具有 f 电子未填满的稀土金属离子,它们与芳族配位体配合时会形成发 m* →m 型荧光的二元配合物,其特点是配位体 L 吸光,而后能量转移给金属离子 m(使 m 激发为 m*),最后由金属离子产生 m* →m 型的发光。属于这类的金属离子有 Sm^{3+}、Eu^{3+}、Gd^{3+}、Tb^{3+}、Dy^{3+} 离子。可惜这一类 m* →m 型发光,由于溶剂的碰撞淬灭作用,荧光产率一般都不高,然而加入所谓"协同配位剂"后,溶剂的碰撞淬灭作用将大大减弱,相应地其荧光却大大增强(即荧光效率大为提高)。

已知的"协同配位剂"有三辛基氧化膦(TOPO)、三氟乙酰丙酮、磷酸三丁酯、二已硫氧化物等。

据报道,已采用 m* → m 发光的三元配合物的分析体系有 Sm(Eu)-2-萘三氟丙酮、Tb-Triron-EDTA,Eu(Sm-Tb)-六氟乙酰丙酮-TOPO、Eu(Sm)-噻吩甲酰三氟丙酮(TTA)-TOPO、Eu-TTA-8-羟基喹啉和 Tb-ED-TA-磺基水杨酸(SSA)等体系。

第三章 荧光分析的环境影响因素

第一节 溶剂性质与介质的影响

一、特殊的溶剂效应

特殊的溶剂效应,往往可以通过检查在各种溶剂中的发射光谱来加以鉴别。在环己烷中加入少量的、不足以改变母体溶剂性质的乙醇之后,就能使 2-苯胺基萘的荧光光谱发生很大的移动。例如,加入的乙醇量小于 3%时,便使荧光峰从 372nm 移到 400nm,而乙醇含量从 3%增大到 100%时,才使荧光峰移到 430nm。加入微量乙醇时,原先的光谱强度下降了,同时出现了新的红移的光谱,这种新的光谱组分的出现,是特殊溶剂效应的反映。

荧光物质与溶剂分子或其他溶质分子之间所发生的氢键作用可能有两种情况:一种是荧光物质的基态分子与溶剂分子或其他溶质分子产生氢键配合物;另一种是荧光物质的激发态分子与溶剂分子或其他溶质分子产生激发态氢键配合物。前一种情况下,荧光物质的吸收光谱和荧光光谱都将由于形成氢键配合物而受到影响;后一种情况下,由于只在激发之后才形成激发态氢键配合物,因而只有荧光光谱才受到氢键作用的影响。

芳环上的给电子取代基(如—NH₂ 和—OH)上的非键孤对电子,与芳环之间存在着激发态电荷转移作用而扩大了共轭体系。在氢键供体溶剂中,这一作用受到抑制,导致荧光光谱相对于在烷烃溶剂中而言,移向了短波方向。反之,在氢键受体溶剂中,有利于这一激发态电荷转移作用,导致荧光光谱向长波方向移动。然而,从芳环到吸电子取代基(如羰基)上的激发态电荷转移作用,在氢键供体溶剂中却得到增强,从而导致荧光光谱相对于在烷烃溶剂的情况下向长波方向移动;氢键受体溶剂的效应则相反,促使荧光光谱朝短波方向移动。

当形成激发态的氢键配合物时,往往会减小荧光物质的荧光量子产率。由于激发态氢键的形成,导致 $S_1 \rightsquigarrow S_0$ 内转化的效率增大,荧光量子产率下降。8-羟基喹啉与5-羟基喹啉两种化合物的吸收光谱几乎相同,但在同样的溶剂中 8-羟基喹啉的荧光量子产率约比 5-羟基喹啉的荧光量子产率小100 倍。解释这一差别的原因,看来只能是两者在结构上的差异。8-羟基喹啉的羟基与芳环上的氮原子相距较近,因此除了形成分子间氢键之外,还可能形成分子内氢键;而在 5-羟基喹啉的情况下,则只有形成分子间氢键的可能性。这样一来,使得 8-羟基喹啉的荧光量子产率明显低于 5-羟基喹啉。

某些芳族羰基化合物和氮杂环化合物,它们的 (π, π^*) 单重态的能量比 (n, π^*) 单重态的能量并没有高太多,这些化合物在非极性的、疏质子溶剂中,由于其最低激发单重态是 (n, π^*) 态,因而荧光很弱或不发荧光。但在加入高极性的氢键溶剂时,由于 (n, π^*) 态和 (π, π^*) 态能量的移动,使得其最低激发单重态变为 (π, π^*) 态,从而使荧光量子产率迅速增大。例如异喹啉在环己烷中不发荧光而发强磷光,而在水溶液中却能发荧光。

二、介质酸碱性的影响

具有酸性基团或碱性基团的芳香族化合物,其酸性基团的离解作用或碱性基团的质子化作用,可能改变与发光过程相竞争的非辐射跃迁过程的性质和速率,从而影响到化合物的荧光光谱和强度。如水杨醛,由于其最低激发单重态是 (n, π^*) 态,很快发生 $S_1 \rightsquigarrow T_1$ 的系间窜越,因而不发荧光而显现强磷光。然而在碱性溶液中由于酚基离解,或在浓的无机酸溶液中由于羰基质子化,使得水杨醛变为呈现强荧光性而不发磷光。显然这是由于处在阳离子或阴离子形式时,其最低激发单重态已是 (π, π^*) 态,而不是分子形式下的最低激发单重态 (n, π^*) 态。

发光分子在其激发态寿命期间,可能发生激发态的质子转移过程(即质子化或离解过程),致使人们不能仅仅在基态酸碱化学的基础上来预期荧光与 pH 的关系。处于最低激发单重态的分子,其寿命通常在 $10^{-11} \sim 10^{-7}$ s,而质子转移反应过程的平均时间变化很大,可能比最低激发单重态的寿命长几个数量级或短几个数量级。倘若激发态的质子转移反应的速率远比荧光的速率慢,则意味着激发态在发射荧光之前来不及发生质子转移反应,这种情况下激发与发射应是同样的型体,因此由发光分子的酸型和共轭碱型所发射的相对荧光强度,取决于基态分子的 pK_a 值。假如激发态的质子转移反应的速率远比荧光的速率来得快,则这种情况下,在发射荧光之前,将达到最低激发单重态下的质子转移平衡。这时,决定荧光行为的是激发态分子的 pK_a^* 值。激发态与基态在酸碱性方面通常有较大的差别,pK_a^* 与 pK_a 之间的差值一般在 6 个单位以上,这意味着激发态的质子转移反应与基态的质子转移反应可能发生于差别较大的 pH 范围。若质子转移反应过程与荧光发射过程两者的速率不相上下,则情况比较复杂,限于篇幅这里不予讨论,读者如有必要和兴趣,可参阅有关的专著。

2-萘酚是激发态酸碱化学的一个很好例子。2-萘酚分子在水溶液中显现的荧光峰位于 359nm,其阴离子的荧光峰位于 429nm。2-萘酚的 pK_a 值约为 9.5,而通过测量 2-萘酚的中性分子和阴离子的相对荧光强度与 pH 的函数关系,求得 2-萘酚的 pK_a^* 值约为 3.1,这意味着 2-萘酚的激发单重态比基态具有更强的酸性。因此,在 pH<9.5 的介质中,虽然中性分子的型体在基态分子中占统治地位,由于在激发态时发生了质子转移反应,故仍将观察到 2-萘酚阴离子的荧光占很大的比例。若要使分子型体的发光在荧光光谱中占主要地位,必须调节溶液的 pH 值小于 3.1。由此可见,了解激发态质子转移反应的平衡常数及两个酸碱共轭型体的相对荧光量子产率,对提高某些含可离解官能团化合物的荧光分析灵敏度很有价值。

酚类、硫醇类和芳香胺类化合物,在激发态时酸性变得更强;而含氮和硫的杂环化合物、羧酸类、醛类和酮类化合物,在其最低激发单重态为(π,π^*)态时碱性变得更强。

在金属离子的测定中,改变溶液的 pH 将会影响到金属离子与有机试剂所生成的发光配合物的稳定性和组成,从而影响它们的荧光性质。如 Ga^{3+} 离子与邻、邻-二羟基偶氮苯在 pH3~4 溶液中形成 1∶1 的荧光配合物,而在 pH6~7 溶液中则生成不发荧光的 1∶2 配合物。

有些情况下,荧光物质的共轭酸碱两种型体都发荧光,而且它们的荧光光谱相互重叠,荧光量子产率相同,这样一来在两种型体的荧光光谱中便可能出现类似于吸光光度法中等吸收点的等发射点。在等发射点所监测的荧光强度只与分析物的总浓度成正比,而与两种共扼型体的相对浓度无关,这样便可避免某些与溶液 pH 有关的分析误差。

介质的酸碱性对荧光光谱和荧光强度的影响,可以用来提高荧光分析的选择性。8-羟基喹啉的 pK_a 值为 5.1,5-氟-8-羟基喹啉的 pK_a 值为 4.9,而两者的 pK_a^* 值分别为 -7 和 -11。这样便可以用硫酸将试液的哈米特(Hammett)酸度调至 -9 以单独测定 8-羟基喹啉的量,然后再调高酸度以测定 8-羟基喹啉和 5-氟-8-羟基喹啉的合量。这种类型的选择性,在电位测定法和吸光光度法中显然是不可能获得的。

此外,溶剂松弛现象常使荧光光谱向长波方向移动,不过由于荧光物质分子与其离子的溶剂松弛现象所引起的荧光光谱移动情况往往并不相同,如邻菲绕啉和它的质子化酸相比,后者的荧光光谱移动到更长的波长范围。因而可以利用这种效应,通过调节溶液的 pH 值以产生某种所要求的型体,该型体的荧光光谱移动后可与干扰组分的荧光光谱分离开来,从而达到提高选择性的目的。

第二节 温度与重原子效应

一、温度的影响

温度对于溶液的荧光强度有着显著的影响。通常,随着温度的降低,溶液的荧光量子产率和荧光强度将增大。硫酸铀酰的水溶液在其沸点时荧光消失殆尽,但它的吸收光谱及吸光能力并无多大改变。罗丹明 B 的甘油溶液在荧光量子产率随着温度升高而下降的过程中,它的吸收光谱和吸光能力并无多大改变。有些荧光物质在溶液的温度上升时不仅荧光量子产率下降,吸收光谱也发生了显著变化,这表示在该情况下荧光量子产率的下降涉及分子结构的改变。

当溶液中不存在淬灭剂时,荧光量子产率的大小与辐射过程及非辐射过程的相对速率有关。辐射过程的速率被认为不随温度而变,因此,荧光量子产率的变化反映了非辐射跃迁过程速率的改变。此外,随着溶液的温度上升,介质的黏度变小,从而增大了荧光分子与溶剂分子碰撞淬灭的机会。

温度上升而使溶液的荧光强度下降的一个主要原因是分子的内部能量转化作用。多原子分子的基态和激发态的位能曲线可能相交或相切于一点。当激发态分子接受额外的热能而沿激发态位能曲线 AC 移动至交点 C 时，则转换至基态的位能曲线 NC，使激发能转换为基态的振动能量，随后又通过振动松弛而丧失振动能量。

溶液的荧光强度与温度的关系曲线可表示为

$$(F_0 - F)/F = ke^{-E/RT} \tag{3-1}$$

式中：F_0 与 F 分别为溶液温度上升前后的荧光强度；R 为气体常量；T 为热力学温度；E 为激发态分子转移至基态曲线时所需的额外热能，即激发热。实验求得的 E 值通常为 $4\sim7$kcal/mol，约为由分子的红外光谱所求得的振动能量的两倍。对于像蒽这样的刚性分子，E 值受溶剂黏度的影响较小，而像二-9-蒽基乙烷这样可挠曲的分子，E 值随溶剂黏度的变化较大。

也有少数荧光物质例外，如喹啉红的水溶液或乙醇溶液，在 $0\sim100℃$ 的范围内，其荧光量子产率并不改变。此外，倘若荧光分子的 S 态与 Ti 态的能量差很小时，则在足够高的温度下，便可能导致迟滞荧光的产生，其结果可能使荧光强度随温度的升高而增强。

溶液中如有淬灭剂存在时，温度对于荧光强度的影响将更为复杂，这是由于温度对于分子的扩散、活化、分子内部能量转化以及对于溶液中的各种物质平衡均有一定的影响。如荧光淬灭作用系由于荧光物质分子和淬灭剂分子之间的碰撞所引起的，则荧光强度将随温度升高而降低；如荧光淬灭作用系由于荧光物质分子与淬灭剂分子组成化合物，则荧光强度可能随温度的升高而增强。

在进行荧光测定时，由于荧光计光源的温度相当高，容易引起测定溶液的温度上升，加上分析过程中室温可能发生变化，从而导致荧光强度的变化，因而样品室四周的温度在测定过程中应尽可能保持恒定。

二、重原子效应

有一类溶剂效应，可能影响到溶质的荧光强度和磷光强度，但对跃迁的频率没有可觉察的影响。这一类溶剂效应，既不是由于溶剂的极性引起的，也不是由于溶剂的氢键性质引起的，而是由于溶剂分子中含有高原子序的原子所造成的。这种效应，即通常所说的"外重原子效应"。

在含重原子的溶剂(如含碘原子的碘化乙酯、二碘烷和含溴原子的溴化正丙酯)中，重原子的高核电荷引起溶质分子的自旋角动量与轨函角动量彼此间强烈地相互作用。自旋-轨函耦合的结果,使得 $S_0 \rightarrow S_1$ 的吸收跃迁、$S_1 \rightsquigarrow T_1$ 的系间窜越、磷光及 $T_1 \rightsquigarrow S_0$ 的系间窜越等过程的概率增大。这样一来,原来在非重原子溶剂中会发荧光的物质,在重原子溶剂中由于 $S_1 \rightsquigarrow T_1$ 过程的概率增大,便会减小 S_1 激发态分子的布居,并同时增大 T_1 激发态分子的布居,从而导致荧光强度减弱,磷光强度增强。因此,在重原子溶剂中,通常使分子的荧光量子产率下降,磷光量子产率升高。重原子效应虽然会同时增大 $T_1 \rightsquigarrow S_0$ 系间窜越和磷光这两个过程的速率,但通常对磷光过程的影响较大,因此净结果增大了磷光的量子产率。

不过,在偶尔情况下重原子效应也会减小有机分子中 $S_1 \rightsquigarrow T_1$ 系间窜越的速率,或是对 $T_1 \rightsquigarrow S_0$ 系间窜越过程的促进作用比对磷光过程的促进作用更大,这些情况下将使磷光的量子产率减小。因此,在某些特殊情况下,可能会观察到重原子存在时使荧光和磷光两者的量子产率均下降的现象。

第三节　其他溶质的影响分析

一、有序介质的影响

表面活性剂或环糊精溶液这样的有序介质,对发光分子的发光特性有着显著的影响,在发光分析中得到了广泛的应用。

表面活性剂是一类两亲的分子,具有明显的亲水部分和疏水部分。根据头基的性质,分别有阳离子、阴离子、两性和非离子型表面活性剂。在低浓度的水溶液中,表面活性剂分子绝大部分被分散为单体,也有少数以二聚体或三聚体等形式存在。当表面活性剂的浓度达到临界胶束浓度(CMC)时,表面活性剂分子便会动态地缔合形成聚集体,称为胶束。在水溶液中,胶束具有由烷烃链形成的疏水内核,而极性的头基朝向母体水溶液。在非极性的溶剂中,表面活性剂可能形成具有由极性头基成的亲水内核、而烷烃链朝向母体有机溶剂的胶束,这类胶束称为"反相胶束"。组成胶束的表面活性剂分子的平均数目,称为"平均簇集数"(N)。表面活性剂的烷烃链的长度、头基的结构大小、烷烃链彼此间的相互作用、头基间的相互作用以及烷烃链与溶剂间的相互作用,将决定胶束的大小、CMC 值、平均簇集数和胶束的结构。胶束通常很小,直径为 3～6nm,以致胶束溶液在宏观上近似于真溶液,在常规的光谱测定法中并不引起可测量的光散射误差。

表面活性剂一般是非光活性物质,毒性小,价格便宜,使用方便,其胶束溶液光学上透明、稳定,对发光物质具有增溶、增敏和增稳的作用,实践证明是提高发光分析法灵敏度和选择性的有效途径之一,因此吸引了人们的重视和研究兴趣,得到了日益广泛的应用。

对于极性较小而难溶于水的荧光物质,可在胶束水溶液体系中加以测定,避免了使用有机溶剂萃取的步骤,这样既简化了操作,又避免了有机溶剂的毒性。

二、其他溶质的影响

有机分子的荧光,不仅受到溶剂效应的影响,也会因为与其他溶质的相互作用而受到影响。这一节我们简要地介绍芳族配位体与金属离子发生配位作用之后对配位体的荧光光谱和强度的影响。荧光配位体与金属离子的配位作用,实际上可以看成是一种酸-碱反应,金属离子作为路易斯酸,配位体作为路易斯碱。因此,金属离子与配位体的配位作用,可以预计类似于配位体的质子化作用,由金属离子配位作用所产生的配位体电子光谱的许多变化,将与配位体的光谱受溶液 pH 的影响情况相类似。不过,配位体的质子化作用同配位作用两者所引起的配位体电子光谱变化,并没绝对的类似关系,有时候会观察到两者的光谱变化情况并不相同。

芳族配位体与非过渡金属离子(如 Zn^{2+}、Cd^{2+}、AF^{3+} 和 Ga^{3+} 等)的配位作用,在配位体的配位位置上产生了正极化作用,由这些金属离子的配位作用所产生的光谱移动,与配位体在配位位置上的质子化作用所产生的光谱移动相类似。如 8-羟基喹啉在乙醇溶液中是无色的,其荧光呈蓝色;当在 8-羟基喹啉的乙醇溶液中加入氢离子或非过渡金属离子时,溶液变为黄色,其荧光呈绿色,两种情况下均显示出光谱向长波方向移动的现象。不过,8-羟基喹啉的质子化作用产物和 8-羟基喹啉的非过渡金属离子的配合物,两者的吸收峰和荧光峰略有不同,这是质子和非过渡金属离子两者在极化能力上有所差别的结果。金属离子的极化能力与其氧化态和原子序数有关,对于与同一种配位体形成配合物的、氧化态相同的不同金属离子来说,随着原子序数增大,配合物的相对荧光强度下降,吸收峰和发射峰都往长波方向移动。荧光量子产率随金属离子的原子序数增大而减小,这是自旋-轨函耦合的结果,增大了分子内体系间窜越过程的概率。不过,在 8-羟基喹啉阳离子的吸收光谱并不发生变化的某个酸度范围内,其荧光却随溶液的哈米特酸度变化而变化,这是由于在最低激发单重态时 8-羟基喹啉的阳离子和两性离子两者之间建立了质子迁移平衡的结果。当然,这种情况只是在质子化作用和离解作用的速率与激发态的寿命相比是快速的条件下才可能发生。然而,金属离子的配合作用和离解作用速率要慢得多,这个过程最快的也得费时约 10^{-5} s,结果,当 8-羟基喹啉与 Mg^{2+}、Ba^{2+} 或 AF^{3+} 配合时,随着吸收光谱的红移,同时发生了荧光光谱的红移。这样一来,质子化作用和非过渡金属离子的配位作用之间,在配位作用的动力学和发射光谱的强度因素方面就没有类似的关系。

芳族配位体和过渡金属离子的配位作用所产生的电子光谱的移动,比同一配位体和非过渡金属离子的配位作用所产生的光谱移动通常要大得多。许多过渡金属离子与芳族配位体配位后,往往导致配位体发光的静态淬灭。过渡金属的配位导致荧光淬灭的原因尚未完全清楚,多数认为过渡金属离子的顺磁性效应和重原子效应引起的自旋-轨函耦合作用,促进了低能量高多重态状态的布居,处于这种状态的分子然后经由内转化的途径失活。

某些具有未充满的 d 壳层或者 f 壳层的过渡金属离子,它们与芳族配位体所生成的配合物,可能观察到发光现象,其发光过程常是经由配位体的 $\pi \rightarrow \pi^*$ 跃迁被激发,接着激发能被转移到金属离子,最终发生金属离子的 $d^* \rightarrow d$ 跃迁或 $f^* \rightarrow f$ 跃迁。这种发光的带宽常常非常窄,几乎类似于线状光谱。这种发光由于是位于金属离子上的状态间所产生的跃迁,因而受整个分子的振动结构的影响不大。有些过渡金属离子与芳族配位体所生成的配合物,如 Ru(Ⅱ) 与 2,2′-联吡啶的配合物,它们的发光是由电荷转移而产生的。这种电荷转移的带宽比 $d^* \rightarrow d$ 和 $f^* \rightarrow f$ 跃迁的发光宽,但又比 $\pi^* \rightarrow \pi$ 发射的带宽要窄得多。

第四章　原子荧光光谱分析原理及其应用

第一节　原子荧光光谱分析的基本原理

一、原子荧光光谱的类型

自从原子荧光现象被发现以来,已观察到多种原子荧光光谱的类型。一般来说,应用在分析上最基本的形式主要有共振荧光、非共振荧光、敏化荧光和多光子荧光等。

(一)共振荧光

共振荧光是指激发波长与发射波长相同的荧光。由于相应于原子的激发态和基态之间的共振跃迁的概率一般比其他跃迁的概率大得多,因此共振跃迁产生的谱线是对分析最有用的荧光谱线。锌、镍和铅原子分别吸收和发射 213.86nm、232.00nm 和 283.31nm 共振线就是共振荧光的典型例子。

当原子处于由热激发产生的较低的亚稳能级,则共振荧光可从亚稳能级上产生。即原子先经过热激发跃迁到亚稳能级,再通过吸收激发光源中适宜的非共振线被进一步激发,然后再发射出相同波长的共振荧光。这一过程产生的荧光称为热助(thermally assisted)共振荧光。也曾有人建议把这类荧光称为"激发态共振荧光"。铟和镓原子分别吸收并再发射451.13nm 和 417.21nm 线,是相应于热助共振荧光的例子。

（二）非共振荧光

非共振荧光是指激发波长与发射波长不相同的荧光，主要分为斯托克斯（Stokes）和反斯托克斯（anti-Stokes）荧光两类。当发射的荧光波长比激发光波长长时，即为斯托克斯荧光。根据斯托克斯荧光产生的机理不同，又可分为直跃线荧光和阶跃线荧光。

1. 直跃线荧光

直跃线荧光是指激发谱线和荧光谱线的高能级相同时所产生的荧光。即原子受到光辐射而被激发，从基态跃迁到较高的激发态，然后直接跃迁到能量高于基态的亚稳态能级，发射出波长比激发光波长要长的原子荧光。

处于基态的铅原子吸收 283.31nm 谱线，随后发射 405.78nm 和722.90nm 谱线是简单直跃线荧光的典型例子。类似的例子还有铊、铟和镓的基态原子吸收 377.55nm、410.18nm 和 403.30nm 谱线而被激发，并分别发射 535.05nm、451.13nm 和 417.21nm 谱线。这一激发机理在实验上已通过消除激发光源中的共振线后得到证实。此时，仅观察到很弱的荧光发射（即属于处在亚稳态的原子的共振荧光）。一个原子的基态和直跃线荧光跃迁的低能级之间的能量差别越小，直跃线荧光中的共振荧光强度就越大。

同样，当原子处于由热激发产生的较低的亚稳能级，再通过吸收非共振线而激发的直跃线荧光称为热助直跃线荧光。

2. 阶跃线荧光

阶跃线荧光是指当激发谱线和发射谱线的高能级不同时所产生的荧光。也分为正常阶跃线荧光和热助阶跃线荧光两种类型。

正常阶跃线荧光是指原子被激发到第一激发态以上的高能态后，分两步去激发，首先是由于碰撞引起无辐射跃迁到某一较低激发态，然后再辐射跃迁到更低能态（通常是基态）所产生的荧光。如钠原子吸收 330.30nm 谱线后被激发后，发射出 589.00nm 的荧光谱线，即属于正常阶跃线荧光。铅368.35nm 荧光谱线是低能级不是基态时的正常阶跃线荧光的例子。

热助阶跃线荧光是指被光辐照激发的原子可以进一步被热激发到较高的激发态，然后再辐射跃迁到低能态所产生的荧光。只有在两个或两个以上的能级能量相差很小，足以由于吸收热能而产生由低能级向高能级跃迁时,才能发生热助阶跃线荧光。

3. 反斯托克斯荧光

反斯托克斯荧光是指荧光谱线波长比激发谱线波长短的荧光。光子能量的不足,通常由热能所补充,因而也可以称为"热助荧光"。

当自由原子吸收热能跃迁到比基态稍高能级上再吸收光辐射被激发到较高的能级,然后辐射跃迁至基态时,或者当处于基态的原子被激发至较高的能级,然后再吸收热能跃迁到更高的能态,最后以辐射跃迁至基态时,就会产生反斯托克斯荧光。很明显,反斯托克斯荧光是直跃线荧光或阶跃线荧光的特殊情况。

实践证明,铟有一较低的亚稳能级。吸收热能后处在这一能级上的原子可吸收 451.13nm 的辐射而被进一步激发,然后跃迁至基态发射 410.18nm 的荧光。另一个例子是,铬原子吸收 359.35nm 的辐射被激发后再吸收热能跃迁到更高能态,然后发射出很强的 357.87nm、359.35nm 和 360.53nm 三重线。

应该指出,与反斯托克斯荧光一起往往同时会产生在特定共振波长上的共振荧光。

(三)敏化荧光

敏化荧光是指被外部光源激发的原子或分子(给予体)通过碰撞把自己的激发能量转移给待测原子(接受体),然后处于激发态的待测原子(接受体)通过辐射去激发而发射出的荧光。

例如,铊和高浓度的汞蒸气相混合,用 253.65nm 汞线激发,可观察到铊原子 377.57nm 和 535.05nm 的敏化荧光。

产生敏化荧光的条件是给予体的浓度要很高,而在火焰原子化器中原子浓度通常是较低的,同时给予体原子主要是通过碰撞去激发,所以在火焰原子化器中,难以观察到原子敏化荧光。但在某些非火焰原子化器中能观察到这类荧光。

(四)多光子荧光

多光子荧光是指原子吸收两个(或两个以上)相同光子的能量跃迁到激发态,随后以辐射跃迁形式直接跃迁到基态所产生的荧光。因此,对双光子荧光来说,其荧光波长为激发波长的二分之一。

在原子荧光光谱分析中,共振荧光是最重要的测量信号,其应用最为普遍。当采用高强度的激发光源(如激光)时,所有的非共振荧光,特别是直跃线荧光也是很有用的。由于敏化荧光和多光子荧光的强度很低,在分析中很少应用。在实际的分析应用中,非共振荧光比共振荧光更具优越性,因为此时激发光波长与荧光波长不同,可以通过色散系统分离激发谱线,从而达到消除严重的散射光干扰的目的。另外,通过测量那些低能级不是基态的非共振荧光谱线,还可以克服因自吸效应所带来的影响。

二、原子荧光谱线强度及影响因素

由原子荧光产生的机理可知,荧光发射强度与受激吸收原子数相关。因此,当用一定频率的辐射照射原子蒸气时,对共振荧光而言,所发射的荧光谱线强度 $I_{f\nu}$ 与吸收强度 $I_{a\nu}$ 成正比,即:

$$I_{f\nu} = \phi I_{a\nu} \tag{4-1}$$

式中,ϕ 为比例系数,称为荧光量子效率。

假设激发光源是稳定的,入射光是平行而均匀的光束,自吸效应可忽略不计,则基态原子对光的吸收强度 $I_{a\nu}$ 可用吸收定律表示,即:

$$I_{a\nu} = I_{0\nu}(1 - e^{-K_\nu L}) \tag{4-2}$$

式中,K_ν 为吸收系数;L 为吸收光程。

将式(4-2)代入式(4-1),则有:

$$I_{f\nu} = \phi I_{0\nu}(1 - e^{-K_\nu L}) \tag{4-3}$$

将式(4-3)的指数项按泰勒级数展开后,即得:

$$I_{f\nu} = \phi I_{0\nu}\left[K_\nu L - \frac{(K_\nu L)^2}{2!} + \frac{(K_\nu L)^3}{3!}\cdots\right] \tag{4-4}$$

因为 K_ν 很小,高次项可忽略不计,则式(4-4)可简化为:

$$I_{f\nu} = \phi I_{0\nu} K_\nu L \tag{4-5}$$

当使用锐线光源时,吸收只限于在发射线宽度范围内进行。由于发射线很窄,所以发射线轮廓可看作一个很窄的矩形,这样,在发射线宽度范围内各波长的吸收系数近似相等。因此可以用峰值吸收系数 K_0 代替 K_ν,则峰值荧光强度为:

$$I_{f0} = \phi I_{\partial\nu} K_0 L \tag{4-6}$$

从原子吸收的处理方法可知：

$$K_0 = \frac{2b}{\Delta\nu}\frac{\pi e^2}{mc}f_{0i}N_0 \tag{4-7}$$

式中，b 为常数，其值决定于谱线变宽因素；e 为电子电荷；m 为电子质量；C 为光速；f_{0i} 为吸收振子强度；N_0 为单位体积内的基态原子数。

将式(4-7)代入式(4-6)，则峰值荧光强度扇的表达式为：

$$I_{f0} = \frac{2b}{\Delta\nu}\phi I_{0\nu}\frac{\pi e^2}{mc}f_{0i}LN_0 \tag{4-8}$$

从式(4-8)中可以看出，在一定条件下，影响荧光谱线强度的主要因素如下。

（一）荧光量子效率 ϕ

荧光量子效率定义为单位时间内发射的荧光光子能量 ϕ_f 与单位时间吸收的光子能量 ϕ_a 之比，即：

$$\phi = \frac{\phi_f}{\phi_a} \tag{4-9}$$

可见，当荧光量子效率 ϕ 等于 1 时，原子荧光强度最大。但实际上，受光激发的原子，可能发射共振荧光，也可能发射非共振荧光，还可能无辐射跃迁至低能级，所以荧光量子效率一般总是小于 1。

在一般情况下，激发态原子除以辐射跃迁形式返回到低能级外，还可能与其他粒子(如分子、原子、离子或电子)发生碰撞，以热能或其他的形式释放能量，以无辐射跃迁返回低能级，这种现象称为荧光淬灭。

荧光淬灭主要有下列六种类型。

1. 与自由原子碰撞

$$M^* + X = M + X$$

M^* 为激发态原子，M 和 X 分别为中性原子。

2. 与分子碰撞

$$M^* + AB = M + AB$$

这是形成荧光淬灭的主要原因，AB 可能是火焰燃烧的产物。

3. 与电子碰撞

$$M^* + e = M + e'$$

此反应主要发生在离子焰中，e' 为高速电子。

4.与自由原子碰撞后中，形成不同的激发态

$$M^* + A = M^\times + A$$

M^* 与 $M^\times$ 原子 M 的不同激发态。

5.与分子碰撞后，形成不同的激发态

$$M^* + AB = M^\times + AB$$

6.化学淬灭反应

$$M^* + AB = M + A + B$$

AB 为火焰中存在的分子，A、B 为相对稳定的自由基。

此外，原子蒸气中还可能存在固体微粒，受激原子与其碰撞也可能产生荧光淬灭效应。

荧光淬灭会使荧光量子效率降低，荧光强度减弱。当荧光淬灭现象严重时，可导致荧光熄灭。

（二）基态原子数 N_0

从式(4-8)中可以看出，荧光谱线强度与 N_0 成正比，而 N_0 是由样品中元素的浓度决定的。因此，在一定条件下，荧光谱线强度正比于样品中被测元素的浓度。原子荧光定量分析就是根据这一关系而建立起来的。

三、原子荧光光谱分析的定量关系式

原子荧光光谱法是用一定强度的激发光源照射含有一定浓度待测元素的原子蒸气时，产生一定强度的特征原子荧光光谱，测定原子荧光的强度即可求得样品中待测元素的含量。因此，原子荧光的发射强度与样品中待测元素的浓度、激发光源的发光强度以及其他参数之间存在着一定的函数关系。

从式(4-8)可以看出，当实验条件一定时，除 N_0 外，其他参数皆为常数，N_0 与试液中分析元素的浓度 c 成正比。因此，式(4-8)可以进一步简化为

$$I_{f0} = ac \tag{4-10}$$

式(4-10)即为原子荧光定量分析的基本关系式。

当使用连续光源激发荧光时,总的荧光强度是围绕着中心频率ν_0在吸收线轮廓内荧光强度$I_{f\nu}$的积分面积。对式(4-5)积分可得:

$$I_f = \int I_{f\nu} d\nu = \phi L \int I_{0\nu} K_\nu d\nu = \phi I_0 L \int K_\nu d\nu \tag{4-11}$$

同样,从原子吸收的处理方法中可以得到:

$$\int K_\nu d\nu = \frac{\pi e^2}{mc} f_{0i} N_0 \tag{4-12}$$

将式(4-12)代入式(4-11),则积分荧光强度的表达式为:

$$I_f = \phi I_0 \frac{\pi e^2}{mc} f_{0i} L N_0 \tag{4-13}$$

当实验条件一定时,式(4-13)同样可简化为:

$$I_f = a'c \tag{4-14}$$

可见,当使用连续光源时,荧光强度仍与分析元素的浓度成正比。

第二节　原子荧光光谱分析的干扰及消除

一、概述

干扰效应是分析化学中最复杂的问题之一。各种分析方法的抗干扰能力无疑是分析工作者关注的一个重要分析性能。根据原子光谱产生的原理和特点,原子光谱分析的干扰效应一般情况下比较小,但或多或少地存在种种干扰,特别是对一些特殊样品或复杂样品来说,有时也是很严重的。作为原子光谱分析中的一个重要分支,原子荧光光谱法是在原子发射光谱法和原子吸收光谱法的基础上综合发展起来的,因此,其干扰效应的类型与原子发射光谱法和原子吸收光谱法基本类似,只是在采用的仪器装置或进样方式不同时,干扰效应的具体表现形式或相对程度有所不同。

原子光谱分析法中干扰的分类方法有多种。根据IUPAC的建议,可依据干扰机理分为光谱干扰和非光谱干扰两大类。目前国内大多习惯于按照干扰产生的原因分为光谱干扰、物理干扰、化学干扰、电离干扰等类型。同其他原子光谱法一样,原子荧光光谱法的干扰也是由于各种辐射信号分离不完全,或者产生的自由原子蒸气不能代表样品的真实组成而引起的。前者属于光谱干扰的范畴,而后者则与形成原子蒸气过程中的许多物理、化学因素有关。由于原子荧光光谱仪器类型较多,所采用的激发光源和原子化器各异,因此,要全面系统地讨论原子荧光光谱分析的干扰并非易事,这方面的文献报道也较少,以下将按照国内传统的原子光谱法中干扰的分类方法,简要地讨论原子荧光光谱法中各类干扰及消除方法。有关各种干扰的详细内容可参阅有关原子吸收或原子发射光谱分析专著。

二、光谱干扰及其消除

光谱干扰是指分析物辐射信号与干扰物辐射信号分辨不开所产生的一类干扰。在原子荧光光谱法中,由于原子化器本身的热发射以及试样中所含的钠、钾、钙、镁等原子被激发所产生的辐射,可以通过光源调制和同步检波使之与原子荧光信号分离,故其光谱干扰主要包括谱线重叠干扰和由分子荧光、光散射等引起的背景干扰。

(一)谱线重叠干扰

由于原子荧光形成过程中起到一个"自单色"装置的作用,所产生的原子荧光谱线数目远远少于原子发射谱线数目,而且非测量的荧光谱线强度一般很微弱。因此,原子荧光光谱法的谱线重叠干扰比原子发射光谱法和原子吸收光谱法要少很多,这是原子荧光光谱法的一个特点。

在原子荧光光谱法中,谱线重叠干扰的程度主要取决于激发光源所发射的谱线宽度以及所用仪器测量波长间隔的宽度。如果光谱仪的光谱通带不能将分析元素与干扰元素同时发射的荧光辐射完全分离,那么就会产生谱线重叠干扰。虽然这种情况较少遇见,但当两条荧光谱线的波长差小于0.03nm时,也是不容忽略的。通过减小色散系统的通带宽度(如减小入射和出射狭缝),或者减小激发辐射的波长间隔(例如用线光源),可以减小谱线重叠现象,但在实际研究中,谱线重叠干扰还是能经常观察到。在各种激发光源中,连续光源谱线重叠干扰较严重,激光光源因为输出的光谱宽度很窄,谱线重叠干扰明显减少。

研究结果表明,当采用连续光源时,谱线重叠干扰是很容易产生的。研究人员曾对 Cu、Ag、Ga、In、Tl、Zn、Cd、Mg、Ca、Cr、Mn、Co 和 Ni 等元素可能存在的干扰谱线进行过系统的研究,并观察到锰403.31nm的荧光对镓403.30nm的荧光产生严重的谱线重叠干扰。当光谱通带较宽时,还观察到锰对钙、钾对镓及镍对银等的谱线重叠干扰。

当采用线光源时,谱线重叠干扰则很少出现。但在使用各种空心阴极灯时,由于加入的金属或金属卤化物中所含的杂质以及灯中所充的惰性气体所产生的光谱线,因此也可能产生谱线重叠干扰。在以ICP为激发光源时,很少出现两个元素的荧光线互相重叠的情况,以激光为激发光源时更为少见,特别是当使用单色器时,尤为如此。

当使用非色散系统时,则必须使用在检测器的光谱响应范围内,不含能发射荧光波长的其他元素的线光源来避免谱线重叠现象的发生,但即使如此,谱线重叠干扰还可能会产生。使用非色散系统测定铂时,共存的铁可产生严重的谱线重叠干扰。这是因为铂271.904nm与铁271.902nm线相重叠,且271.902nm是铁的共振荧光线。

一般来说,谱线重叠干扰的消除是很困难的。为了消除和减少谱线重叠干扰,应尽可能选择干扰少的荧光线和合适的激发光源,或者适当地调节单色器的光谱通带。如果为了消除干扰而减小光谱通带使得微弱的荧光信号减小到不实用的程度,那么应采用化学预分离方法来消除这种干扰。

(二)分子荧光干扰

分子荧光干扰是指原子化器中的气体分子吸收辐射后所发射的分子荧光,与分析元素所发射的原子荧光相重叠所产生的光谱干扰。原子化器中的OH、CH、NH、CN等气体分子以及试样基体挥发形成的氧化物、氢氧化物及盐类分子等受光源辐射激发时,就可能产生分子荧光,当分析元素的原子荧光波长落在分子荧光谱带范围内时,就会产生重叠干扰。

可以预料,在原子荧光光谱分析中,分子荧光谱带的干扰是很难观察到的。因为分子吸收的辐射能量,在二次发射之前,可能已传递给各种振动和转动能级,导致在被测量的特定谱带上,所发射的分子荧光强度非常微弱。在火焰发射光谱法中很严重的分子谱带干扰,如SnO和BaO分别对铟和铊的测定干扰,在火焰原子荧光光谱法中却没有观察到。这说明分子荧光干扰与分子发射干扰相比大为减小。

分子荧光的强度因激发光源和原子化器不同而异,例如在连续光源、空气-乙族火焰系统中,可观察到在280~295nm和305~320nm处的OH分子荧光、336nm处的NH分子荧光以及380~390nm处的CN分子荧光,而用多谱线元素铁或镍的空心阴极灯作激发光源,将有机溶剂引入 ICP 放电,在 200～500nm 波长范围内没有观察到分子荧光的谱带。

凡是在原子吸收光谱法中产生分子吸收干扰的场合,预料在原子荧光光谱法中也可能遇到一定程度的干扰,因为由于分子吸收而消耗掉一些激发辐射,从而导致原子荧光强度下降。

很显然,选择合适的激发光源和原子化器,提高原子化效率,可以使分子荧光干扰减小到最低或忽略不计。

(三)散射光干扰

散射光干扰是指在原子化过程中由未挥发的固体微粒对光源辐射的散射而产生的光谱干扰。由于光源的辐射强度比荧光的强度高几个量级,因散射而进入光电检测系统的光辐射可能对荧光信号的测量产生严重的正干扰。在大多数场合,当散射光的波长与待测元素的荧光波长相同时,无法用减小光谱通带的办法消除这种干扰。因此,散射光干扰是原子荧光光谱法中最常见的干扰效应。

散射光强度与原子化器单位体积内未蒸发的颗粒大小和数量有关,而与它的光学性质关系很小。因此,采用不同的原子化器,散射光干扰的程度是不同的。

对火焰原子化器来说,散射光强度与火焰的类型、温度及观察高度等因素有关。一般来说,扩散火焰(紊流火焰)的散射光强度比预混合火焰(层流火焰)要大。当火焰的温度升高、观测高度增加时,散射光强度随之降低。而当采用冷火焰时,散射光可能是一个特别麻烦的问题,但从降低火焰背景及减少淬灭效应等观点出发,这种火焰又特别适用于原子荧光光谱法。

有关其他原子化器中散射光干扰的研究报道资料很少。但可以预料,当采用石墨炉原子化器时,气化的高浓度基体微粒会产生散射光,而对 ICP 原子化器来说,因其具有很强的蒸发、离解和原子化能力,未挥发的固体微粒极少,因而散射光干扰可忽略。

度量散射信号大小最适合的方法,是以被测元素产生的荧光信号等于散射信号时的浓度单位来表示。不同共存元素所引起的散射光按如下顺序递增:$Cd < Pb < Mn < Ba < Mg < ZrO$ 这与共存元素的挥发性顺序相同。

消除散射光干扰的主要方法有以下几种。

1. 测量非共振荧光谱线

由于非共振荧光的激发波长与荧光波长不同,可以很方便地通过色散系统将其分离,因此测量直跃线荧光或阶跃线荧光等非共振荧光谱线,是最有效的消除散射光干扰的方法。用这种方法甚至可以测量"浑浊"介质中的原子荧光。此法已成功地应用于铅、铋和锑等元素的测定。不过,这种方法通常要用染料激光作为激发光源才能获得良好的效果,因为普通光源的辐射能量有限,许多元素不能发射具有足够强度的非共振荧光口门,致使该法的应用受到一定的限制。对于某些元素,可以探讨用另一个元素的强的重叠线来激发。

2. 选择合适的原子化器及实验条件

尽可能减少散射微粒散射光是因为原子化过程中未挥发的固体微粒对光源辐射的散射而引起。提高原子化器的温度或提高固体微粒的挥发性,可以减少未挥发的固体微粒的密度。因此,使用预混合火焰,增加火焰观测高度和火焰温度,或者使用高挥发性的溶剂等都能有效地消除或减少光散射干扰。

3. 对散射背景进行校正

当存在散射光或分子荧光引起的背景干扰时,必须进行背景校正。校正方法与原子发射光谱法和原子吸收光谱法大致相似,主要有以下三点。

(1)从测量信号中扣除散射信号。用扫描的方法测量分析线两边的背景值,然后再从分析线中扣除。这种方法特别适用于连续光源激发的原子荧光法。

(2)配制含有与分析试样组分相似,但不合分析元素的人工试样,在同一实验条件下测量试样及人工样品中的散射背景值,然后扣除。这种办法操作麻烦,误差较大,特别是在分析痕量元素时误差更大。

(3)采用双线法、塞曼效应及多道检测等背景校正方法进行校正。

三、化学干扰及其消除方法

化学干扰是指分析元素与共存物质发生化学作用而引起的干扰效应,其主要影响分析元素在原子化器中产生自由原子的数目。化学干扰产生的原因主要是干扰组分的存在使分析元素形成难熔、难解离、难挥发的化合物,导致分析元素的原子化程度降低,或者是使分析元素形成易挥发的化合物,导致分析元素的挥发损失等。化学干扰是一种选择性干扰,不仅取决于分析元素与干扰组分的性质,而且还与原子化器的类型及实验条件有关。

有关火焰原子化器中的化学干扰,在有关原子吸收光谱法的专著中已有详细讨论。凡是在原子荧光光谱法中考察过的干扰,发现都与原子吸收光谱法相符合。比较 20 个元素在预混合空气-氢气、氧气-氧气-氢气和空气-乙炔火焰中(其他实验条件相同)对金、铅、铝和钼的原子荧光和原子吸收测定的干扰。发现产生的干扰一般是一致的。通过加入镧盐(最后浓度为 1g/L)可消除这些干扰。也有人曾发现铝对镁的影响是随着火焰温度的增加而降低,其顺序如下:紊流火焰>直喷入燃烧器的预混合火焰>层流预混合火焰。研究掺空气的氢火焰中原子荧光测定钙和镁的干扰,发现其化学干扰比较高温的火焰中要大得多。除了 S^{2-} 对镁、S^{2-} 和 SiO_3^- 对钙的干扰外,其他所有干扰,在 1g/L 锶的存在下都可消除。然而,在原子荧光光谱法中,加入相当大量的释放剂有可能产生散射光的干扰。发现在掺空气的氮-氢火焰中,很低浓度(10^{-2}mol/L)的 Al、Cu、Mg、Zn、Na 和 NH_4^+ 对砷的测定仍有干扰,并认为这些干扰是由于金属砷化物不完全离解而产生的。然而,观察到的抑制有可能是由于溶质挥发不完全引起的。

对各种无火焰原子化器来说,可能产生的化学干扰在性质上应该是相同的。在所观察到的实验现象中,被测元素挥发速度的变化只影响峰值荧光信号,而不影响积分荧光信号。对敞开型原子化器(如热金属丝环或碳棒原子化器)而言,被测元素的原子在离开加热的支承体表面进入比较冷的惰性气体中时,将会产生冷凝作用。这种冷凝作用可能由于外来盐类的存在而显著加快。以碳棒原子化器测金的实验结果证实,金原子是以单质包在冷凝颗粒中的,它在蒸气中没有形成金属化合物。并发现,其相对抑制程度是随观察高度的提高而增加的。

热丝环原子化器的支承体和气氛之间的温差很大,冷凝作用特别严重。钠、钾、钙和磷酸盐的存在,对锌和镉荧光的抑制很大。碳棒原子化器热容量较大,温差较小,干扰相应也小些。用氩-氢扩散火焰围绕碳棒,干扰可进一步地减小。这一点已通过使用和不使用氢火焰罩的碳棒原子化器测定铅的干扰研究予以证实。

盐类冷凝作用也可以引起散射光,用氢扩散火焰围绕碳棒也可使散射光大幅地下降。

对于电感耦合等离子体原子化器来说,由于 ICP 放电具有很强的挥发、原子化能力,因而化学干扰一般很小或可忽略。只有在正向功率较低或干扰物与待测物的浓度比值较高时,才可以观察到化学干扰,如 P 对 Ca、Na 对 Ca 的干扰。K 在 ICP-ICP-AFS 系统中,硫酸盐和磷酸盐对 Ca 均无干扰,但当 $1\mu g/mL$ Ca 的溶液中含有 $1\,000\mu g/mL$na 时,Ca I 的荧光增强到 300%,而 Ca II 的荧光则减弱了 50%。

化学干扰的消除方法与原子吸收光谱法中类似,采用高温火焰、增加观察高度、加入释放剂或保护剂及基体改进剂等都是减少或消除化学干扰的有效方法,必要时可采取化学分离的手段对干扰元素进行分离。

四、物理干扰及其消除

物理干扰是指试样在迁移、蒸发和原子化等过程中,由于试样物理性质的差异而引起的干扰效应。产生的原因主要是由于干扰物质的存在可能改变溶液的黏度、表面张力及溶剂的蒸气压等物理性质,导致溶液的提升率和雾化效率以及分析元素的原子化效率的变化,从而影响分析物的荧光强度。这种干扰一般是非选择性的,对试样中各元素的影响基本上是相似的,多数场合表现为分析信号降低,测定精密度变坏。

在原子荧光光谱法中,物理干扰的表现形式与原子化器有关。对以气溶胶形式进样的火焰和电感耦合等离子体原子化器来说,喷雾、去溶及迁移过程所产生的分析物损失是不容忽视的。而在石墨炉原子化器中,则主要是由于干扰物的存在而导致分析物因挥发速度的变化而损失。这种类型的物理干扰有时与化学干扰很难明显区分。

与其他原子光谱分析法一样,原子荧光光谱法中物理干扰的消除方法主要有如下 5 种:①对标准溶液进行基体匹配,使标准系列溶液的基体组成与试样溶液基本一致。这是最常用的方法,在对试样组成基本了解的情况下非常有效。②在对试样组成不很了解的情况下可采用标准加入法。这是一种很有效的消除物理干扰的方法。③在保证灵敏度满足测定要求的情况下,尽可能稀释试样溶液,使试样溶液的黏度与标准系列的黏度基本一致。④采用机械强制进样系统(如蠕动泵)进样,以克服气动雾化系统因试样溶液的黏度及表面张力等物理性质的变化而对进样量的影响。⑤在石墨炉原子化器中,可加入基体改进剂消除在干燥、灰化过程中的共挥发、包藏等类型的物理干扰。

五、荧光淬灭干扰

荧光淬灭干扰是指受辐射激发的原子与气体分子发生碰撞所引起的荧光强度降低的现象,是原子荧光光谱法中不同于原子发射和原子吸收光谱法的一种特殊的干扰效应。荧光淬灭一般与两种碰撞物质动力学截面、碰撞物质分子量及原子的精细结构有关。荧光淬灭对荧光量子效率的影响与分子种类有很大关系,一般按下列顺序递减:$CO_2 > O_2 > CO > N_2 > H_2 > Ar$。

此外,受激原子与未挥发的固体微粒碰撞也可能产生淬灭效应。

荧光淬灭将严重影响原子荧光分析。淬灭效应的程度取决于原子化器的气氛和温度,所以,提高原子化效率,使原子蒸气中的分子或其他粒子减少,是减小荧光淬灭现象的关键。

六、氢化物发生-原子荧光光谱法中的干扰

氢化物发生-原子荧光法的干扰,特别是基体干扰相对较轻,但仍然可能造成显著的测量误差。本节根据前人的研究成果,探讨 T HGAFS 分析中的干扰现象和机理。

(一)干扰的分类和判别

氢化物发生-原子吸收(HGAAS)法中的干扰做了系统的分类,主要包括液相干扰和气相干扰两大类。而 HGAFS 和 HGAAS 无论是在 HG 的样品导入过程,还是在后续的原子化过程中,都非常类似,所以上述 HGAAS 的干扰分类对 HGAFS 依然适用。

根据上述分类,液相干扰和气相干扰的判断方法有同位素示踪法和双发生器法。

(二)液相干扰

液相干扰实际包括两个部分:①发生效率干扰,即液相干扰物改变了待测氢化物的发生效率;②发生速率干扰,即液相干扰物改变了待测氢化物的发生速度。大多数情况下氢化物发生反应速率较快,所以发生效率干扰是

主要影响因素,但对于一些氢化物发生元素的高价态,如 As(V)、Sb(V)等,其发生速率较慢,也会出现发生速率干扰。

对于发生效率干扰,又可能有如下几种情况:干扰离子消耗掉了氢化物发生试剂,造成氢化物发生试剂不足而引起的液相干扰;一些有氧化性的离子会将待测元素转化为难于发生氢化物的形态,造成液相干扰;一些氢化物易与液相中的干扰离子发生反应,生成难溶的化合物或稳定的复合物,造成液相干扰;干扰离子与 $NaBH_4$ 发生反应生成金属或硼化物的小颗粒,这些小颗粒既可能引起与氢化物发生元素的共沉淀,也可能吸附氢化物并使其接触分解,或发生其他协同作用,导致氢化物的发生减慢或完全停止,造成液相干扰。

实际的氢化物发生过程中上述几种过程都可能出现,但究竟哪种过程更为重要?首先,通过实验表明,增加 $NaBH_4$ 浓度并不能消除液相干扰;而且在氢化物发生反应中 $NaBH_4$ 相对于待分析物是过量的,所以竞争试剂造成的液相干扰可能是非常次要的原因。其次,氧化反应造成的干扰相对较为特殊,不会是引起液相干扰的主要因素;最后,为了验证后两种干扰哪种更为重要,研究人员将发生的氢化物导入一个含有铜、钴、镍、铁干扰元素离子的酸性溶液中,这样由于干扰金属离子不与 $NaBH_4$ 溶液接触,因而溶液中仅含有干扰元素的离子,不存在干扰离子反应生成的小颗粒。他们的结果表明,此种条件下虽然仍存在干扰,但其程度大大降低,这说明干扰离子的直接作用也不是造成液相干扰的主要原因。

经过排除,只能是由干扰离子反应生成的小颗粒造成了主要的液相干扰,特别是这些小颗粒和生成的氢化物之间发生的气固相反应可能是液相干扰的最主要来源。这也得到了大量实验结果的支持,基本上达成了液相干扰成因的共识。

(三)气相干扰

气相干扰是由于挥发性氢化物引起的,一般是指可形成氢化物元素之间在传输及原子化过程中的相互干扰。由于传输过程中的干扰相对较轻,且普遍性较弱,这里不作讨论;而原子化过程中的干扰更为常见和重要。

根据对氢化物原子化机理的分析可知,原子化过程中产生的气相干扰主要是由于原子浓度减少造成的,其可能的原因不外乎两种:一种是由于干扰元素氢化物消耗掉了 H,使得原子化器中没有足够的 H,抑制了原子态的生成;另一种是由于干扰物质和待测元素的自由原子生成了氧化物或其他多原子分子,加速了原子态的消耗。在氢化物发生-原子荧光中,由于使用 Ar-H$_2$ 扩散火焰原子化器,H 较为充足,所以第一种干扰相对较轻,主要的气相干扰来自第二种原因。

七、原子荧光光谱法与其他原子光谱法的干扰效应比较

作为原子光谱法的一个重要分支,原子荧光光谱法与原子吸收光谱法和等离子体原子发射光谱法在光谱产生机理、仪器结构及装置、进样方式等方面都有许多相同或相近之处。因此,原子吸收光谱法和原子发射光谱法中所存在的干扰效应,在原子荧光光谱法中也会同时存在,只是其主要表现形式及程度在各种方法中有所不同。现简要归纳总结如下。

(一)光谱干扰

在原子光谱法的三个分支中,原子发射光谱法的光谱重叠干扰最严重。原子吸收光谱法中谱线重叠干扰可忽略不计,而背景吸收及散射光干扰影响较大。原子荧光谱线最简单,且非测量的荧光谱线非常微弱,故谱线重叠干扰极为少见,而散射光干扰是其主要表现形式。

(二)化学干扰

因分析物的挥发、离解所引起的化学干扰在以火焰为光源和原子化器的火焰光谱法中比较严重,且随火焰温度的增加而降低。在以等离子体为光源和原子化器的原子发射法和原子荧光法中几乎无影响。

(三)物理干扰

物理干扰因进样方式的不同而有所不同。对于常用的气动雾化进样方式来说,因试样物理性质的差异所引起的干扰不可避免。相对来说,火焰原子化器因样品承载量较大,物理干扰不明显,而在等离子体光源和原子化器中,因等离子体放电对样品承载量的限制,物理干扰则表现得更为突出。

(四)电离干扰

等离子体放电中电子浓度很高,分析物的电离现象不明显,因而电离干

扰可忽略。在火焰原子化器中,电离干扰随火焰温度的增加和分析物浓度的降低而增大。因此,火焰原子吸收光谱法对一些易电离元素来说影响较大,而火焰原子荧光法中通常采用低温火焰,则电离干扰可以忽略。

若采用氢化物发生的进样方式,则三种方法的干扰效应基本相同。

第三节 形态分析中原子荧光光谱分析应用

一、概述

元素形态概念的提出是现代环境、材料和生命科学等学科的发展需要,研究表明元素的行为效应不仅取决于该元素的总量,还与其存在形式有密切关系,这表现在很多方面,清楚地反映了毒性和形态的关系。

另外,元素的形态还与其迁移、积聚特性有关,如 Cd 的弱络合物具有较强的流动性和积聚性,而 Cd 和水溶性有机物形成的惰性稳定络合物则流动性很低,且不具有生物积聚性,而且元素形态还与其被人体吸收的能力有关。

二、金属化合物的分类

自然界中很多金属化合物以有机金属化合物及配位化合物的形态存在,这些化合物大都与生物体密切相关。在生物体内的生物配体具有高度配位潜力,自由金属离子存在的可能性很小,与生物体有关的金属化合物可以分为以下三类。

(一)生物合成分子

此类化合物的特点是含有"共价"或"真正"的金属和类金属与碳生成的键,如硒代氨基酸、硒代谷胱甘肽、硒蛋白、甲基砷酸、砷甜菜碱和砷胆碱等。此类化合物的稳定性较高、分析难度较小,是当前形态分析的重点。

（二）多糖、糖蛋白等生物大分子与金属的配合物

这是一类金属与油脂或碳水化合物依靠负氧基团静电吸引金属离子或通过多羟基团与金属离子螯合形成的化合物,二价离子与细胞壁上的多糖(果胶)通过羧基或糖醛基形成的络合物就属于此类。

（三）外源性金属化合物（金属有机药物）

此类金属化合物多是人工合成,且具有一定的生物活性的化合物,主要作为药物和生物标记物,如顺铂、顺羧酸铂、金-酸橙素等是很好的抗癌药;金硫葡糖、硫代苹果酸金钠是重要的抗关节炎药;Tc 和 Gd 的一些化合物可以作为诊断时的生物标记物。

三、原子荧光联用技术实现形态分析

（一）概述

原子荧光光谱分析具有高度的元素专一性和高的灵敏度,但其没有价态或形态的分辨能力。目前分析化学已经不仅是元素分析的水平,而要对元素的不同价态、形态给出一个全面的分析结果,这就要求将 AFS 与各种分离技术联用来实现。冷阱分离、色谱分离是其中主要的两类联用分离技术,但冷阱的分离能力相对较低,且使用不便,近年来已较少应用;而色谱分离则因其使用灵活、多变,分离能力强而得到了广泛的重视,成为当前与 AFS 联用的主流分离技术。

色谱与 AFS 联用的最大特点在于对含有特定元素的化合物具有高度的专一性和较高的灵敏度。比较了与色谱联用时 AFS 检测和紫外检测的结果,其中 AFS 对含 Hg 的四种物质 Hg^{2+}、甲基汞、乙基汞、苯基汞都有很好的灵敏度,并且没有其他化合物的干扰;而紫外检测仅对其中的乙基汞和苯基汞有较差的灵敏度,并且有很重的有机化合物干扰。这清晰地反映了色谱与 AFS 的特点。

早在 20 世纪 80 年代,就已经开展了色谱和 AFS 联用的工作,但早期的 AFS 采用直接进样技术,虽然检测元素种类较多,但干扰重、灵敏度低,并不能完全体现出 AFS 联用技术的优势,所以发展较慢。直到蒸汽发生技

术、样品导入技术引入到 AFS 中之后,消除了基体干扰,大大提高了 AFS 检测的灵敏度,色谱和 AFS 联用才得到了快速的发展,特别是液相色谱与 AFS 的联用,已经成为检测 As、Se、Sb、Sn 等元素不同化学形态的最灵敏手段之一,其检测能力甚至接近于价格昂贵的电感耦合等离子体质谱。

常见的色谱和 AFS 联用的各结构单元:前处理单元、色谱单元、接口单元、蒸汽发生单元和 AFS 单元,其中前处理单元和蒸汽发生单元是可选的,用于改进整套系统的分析性能,而其他单元则是必需的。在整个联用系统中,接口单元是其中最重要的部件,它的作用在于连接、匹配色谱单元和蒸汽发生单元、AFS 单元,既要保证样品的无损导入,又要保证较小的死体积,抑制色谱峰的展宽。通常情况下,接口单元要具备以下功能:①必须确保色谱单元的流出物能够无损地通过接口单元,对于气相色谱而言,大多数情况下接口单元必须保温,以防止高沸点的待分析物在接口单元冷凝,造成损失;②色谱单元和蒸汽发生单元、AFS 单元的流量通常是不匹配的,所以接口单元必须通过一些方法使二者达到匹配;③使用蒸汽发生单元时,经常需要对被分析物进行后处理,以便蒸汽发生反应能够顺利进行。

色谱、AFS 联用系统通常按色谱进行分类,大致可分为气相色谱与 AFS 联用、液相色谱与 AFS 联用、毛细管电泳与 AFS 联用三大类,各类又有自身的特点。

(二)气相色谱与 AFS 联用

早期的 GC 与 AFS 的联用系统中没有明确的接口概念,通常是直接将 GC 流出物引入原子化器中,虽然使用方便,但缺乏相应的后处理功能。将 GC 流出物通过加热的不锈钢管(1.6mm)直接引入燃烧器,进入燃烧器的管路被弯成适当角度,以保证 GC 流出物能够与空气-乙炔充分混合。此种条件下得到的信号灵敏度虽然强于火焰原子吸收,但远不及无火焰的石墨炉原子吸收,所以实用价值不大。此外,测量时还发现烷基铅会在加热的管路中分解沉积,沉积程度随样品浓度增加而加强,并与管路材质有关(石英 ＞铝＞不锈钢＞碳＞钽)。

研究人员搭建了一套 GC 和火焰激光诱导 AFS(flame laser-induced atomic fluorescence,LIAF)的联用装置,用于检测烷基锡,不同之处在于使用了 KHaPO(KDP)晶体倍频的染料激光光源。用于检测的并非共振荧光,且经过单色器分光,所以可以较好地避免散射光的影响。但其绝对检出限仅为 500pg,虽然强于火焰光度检测器(flame ionization detection,FID),

但仍差于通常的 GC 与无火焰原子吸收光谱联用,所以实用价值不大。

将加热保温的 GC 分离毛细管直接插入 AFS 燃烧器中,避免了传输损失,以毛细管 GC 和多通道非色散 AFS 联用检测了烷基硒、烷基铅和烷基锡。由于采用微型 Ar-H$_2$ 扩散火焰作为原子化器,该联用系统的检出限分别为 10pg(Se)、30pg(Pb)、50pg(Sn),其中 Pb、Sn 的检出限与文献报道的无火焰 GC-AAS 相当,而 Se 则降低了 15 倍,说明使用微型 Ar-H$_2$ 扩散火焰原子化器的 AFS 与 GC 联用具备了一定的实用性。

在测定酵母中的有机硒时,在 GC-AFS 联用装置前加入了固相微萃取(solid phase microextraction,SPME)装置,使得酵母悬浊液中的有机硒先被顶空 SPME 装置浓集,之后在 GC 的进样器中脱附并经过 GC 分离,送入 AFS 检测。该装置也使用微型 Ar-H$_2$ 扩散火焰原子化器,并在火焰内部加入了折叠的铂丝,用于催化有机硒的分解原子化,提高有机硒的检测能力。其检出限为二甲基硒(dimethyl selenide,DMSe)0.88μg/L、二乙基硒(diethyl selenide,DESe)1.55μg/L、二甲基二硒 dimethyl dise-lenide,DMDSe)1.33μg/L。

随着 GC-AFS 联用技术的发展,GC-AFS 联用系统在有机汞测量上表现出了较大的优势,得到了广泛的重视,并出现了专用的接口。GC-AFS 联用测有机汞装置中有机汞样品经 GC 分离后,送入高温裂解单元分解为原子态的 Hg,之后补入氩气,匹配 GC 和 AFS 之间的流量差,最后分析物被载气带入 AFS 中检测。高温裂解单元和补气部件就组成了一个完整的 GC-AFS 联用接口,该接口被广泛应用于 GC-AFS 测量有机汞的工作中。其中的高温裂解单元可采用加热到 800~900℃的石英管(200mm×ϕ2mm 来充当,保证有机汞能够完全转化为 Hg,以保证能在 AFS 中获得最高的灵敏度。GC-AFS 和 GC-ICPMS 测定有机汞时具有相当的灵敏度和选择性,但 GC-AFS 由于运行成本低,操作简单,更有实用价值。

(三)液相色谱与 AFS 联用

与 GC 相比,液相色谱(liquid chromatograph,LC)的应用范围更为广泛,特别是高效液相色谱(high performance liquid chro-matograph,HPLC)更是得到了广泛的应用,所以 HPLC 和 AFS 的联用也更为重要。与 GC-AFS 联用不同,LC 的流出物不能直接用于 AFS 分析,早期的 LC-AFS 联用中大多使用喷雾进样的方法,将 LC 流出的待测物通过雾化器转化为气溶胶,之后带入火焰中检测,这种技术虽然能实现多元素检测,但由于严重的基体干扰,所以并未得到任何实际应用。而将液体基体中的待分析物通过化学反应转化为气相的蒸汽发生(vapor generation,VG)进样技术,可以基本上消除基体干扰,显著提高 AFS 的分析性能,所以实际应用中占主导地位的几乎完全是 LC-VG-AFS 联用系统,故 LC-AFS 联用系统中的接口并不直接连接 LC 和 AFS,而是连接 LC 和 VG 单元。

1. LC-AFS 接口

LC-AFS 接口的发展大致经历了两个阶段,第一阶段并没有明确的接口单元概念,仅是作为 VG 单元的一个进样通道,可以称为直接连接型接口,如 Mester 等用于 As 形态测量的接口只是一个简单的三通,使得 LC 流出物和 NaBH、HCl 在其中混合反应发生的 AsH_3,运行于"加热冷却恒温浴"状态的超声波雾化器作为其气液分离器,将 AsH_3 用 Ar 带入 AFS 仪器中进行检测。

这类接口装置使用简单、稳定,在对可 VG 进样的化合物测量中广泛使用,如 Melo Coelho 等测定啤酒中的 As(Ⅲ)、As(Ⅴ)、甲基砷(monomethyl-arsinate,MMA)、二甲基砷(dimethylars-inate,DMA);Potin-Gautier 等测定残留物中的 Sb(Ⅲ)、Sb(Ⅴ)、$(CH_3)_3SbCl_2$;Ipolyi 等测定食品添加剂中的 Se(Ⅳ)、硒代甲硫氨酸(Seleno-methionine)、硒代乙硫氨酸(seleno-ethi-onine)、硒代胱氨酸(seleno-cystine)等都使用了此类接口,虽然检测性能并不太好,但大都能满足常规的需要。

随着 LC-VG-AFS 研究的不断深入,要分析一些不能 VG 进样的化合物,或要提高 VG 进样效率较低化合物的灵敏度时,直接连接型接口对此完全无能为力,这就要求研制各种功能性接口,主要有在线氧化接口和在线还原接口两大类。

(1)在线氧化接口。

在线氧化接口是在原有的多通之前加入一套在线氧化管路,主要用于处理一些 VG 进样效率较低(如上文所述的硒代氨基酸)或不能 VG 进样,如砷甜菜碱(arsenobetaine,AsB)、砷胆碱(arsenocholine,AsC)的有机分子,这些有机物经过在线氧化后,变成 VG 进样效率较高的无机物,再进行 VG 反应,完成对 AFS 的进样过程,这样就扩大了整套联用装置的检测范围,并且可以改善对某些化合物的检出能力。

对于一些较易消解的产物,在线氧化接口可以简化为一个引入强氧化剂的三通和在完成后续氧化功能的一段反应管。测量海产品中的甲基汞

(MeHg)、乙基汞(EtHg)、苯基汞(PhHg)时就采取了这类简单接口,此类接口可以很大程度地改善有机汞的灵敏度,并且反应管的编结方式还对氧化效果有明显的作用,实验表明编结反应管的效果最好,在室温下就可以将各种有机汞的灵敏度提高到接近于无机汞。

对于一些难氧化的物质,不仅需要使用强氧化剂,还需要额外注入能量,其中一种方法是通过紫外线来照射样品,此种接口也被称为紫外在线氧化接口。分析过程为:LC 流出液经三通与强氧化剂 $K_2S_2O_8$ 混合,混合液在紫外线的照射下由 $K_2S_2O_8$ 产生一些强氧化性的自由基,这些自由基将混合液中的有机砷成分完全破坏,并转化为无机砷,流入氢化物发生(hydride generation,HG)单元进一步转化为气相的 A_3H_3,送入 AFS 检测。紫外在线氧化接口的特点是氧化过程依靠紫外灯诱导产生的高氧化性自由基在常温下完成,紫外灯一般使用功率在 15W 以下的低压汞灯;氧化管路可以采用聚四氟乙烯(polytetrafluoroethylene,PTFE)或石英管,石英管路虽然使用不便,但其长度一般在 40cm 左右,基本不造成 LC 谱峰柱后展宽;而使用方便的 PTFE 管路长度一般大于 4m,需要加入气泡间隔,防止严重的柱后展宽。其缺点在于紫外线能量难以调节,氧化过程不易调控。

另外,微波在线氧化接口也被广泛使用,顾名思义,这种接口通过微波提供能量来辅助化学氧化作用。用于测量有机硒的 LC-HG-AFS 装置,分析过程为:LC 流出液进入接口后首先导入空气分隔液流,防止柱后展宽,再与 $KBrO_3$、HBr 混合用于产生高氧化性 Br_2,之后混合液流入放置于单模聚焦微波装置中的盘管中,微波照射功率 10W,在微波的作用下有机硒成分完全被破坏,转化为无机硒,再流过冷却浴降温后流入 HG 单元进一步转化为气相的 H_2Se,送入 AFS 检测。虽然 Dumont 等使用了单模聚焦式微波系统,但实际上使用家用微波炉(多模系统)也能达到类似效果,用功率 350W 的家用微波炉改制的微波氧化接口也得到了不错的结果,只是能耗大大提高。微波在线氧化的特点是氧化过程迅速、彻底,特别是使用单模聚焦微波系统时,微波功率可以精确控制到几瓦,能很好地调整氧化过程;但其缺点是微波氧化过程会对液相加热,造成流路波动,必须通过加入冷却浴降温消除该波动,所以其管路较长,更容易造成柱后展宽。

在线氧化接口虽然能够解决不能 VG 进样的化合物的分析问题,但由于增加柱后管线的长度,引入了额外的试剂,往往会造成基线噪声增加,灵敏度下降,分离度变差;另外,对一些 VG 能力很强的形态,在线氧化会将其转化为 VG 能力较差的形态,造成灵敏度下降,如 As 的三种形态 As(Ⅲ)、

MMA、DMA 在使用在线氧化接口后,检出能力会下降 2～4 倍。

第一个问题可采用灯内氧化加以解决,该装置将氧化管线埋入灯内,并在灯外包裹了反射铝箔,这种设计避免了紫外光在空气中的损耗,大大提高了照射到流路中溶液的紫外光强,从而可以避免使用氧化剂,而由水直接生成高氧化性的羟自由基,实现在线氧化,同时其管路长度也可大幅缩短,在 8s 停留时间内就可以使非常稳定的砷甜菜碱完全被氧化。

第二个问题可通过使用北京吉天仪器有限公司设计的直接连接型和紫外在线氧化切换接口,其设计思想是在流路中加入四通切换阀,使得直接连接型流路和紫外在线氧化流路可以简单地切换,从而在检测可直接 VG 的形态时使用直接连接型流路,而在检测不能 VG 的形态时使用紫外在线氧化流路。

(2)在线还原接口。

与在线氧化接口类似,在线还原接口是在原有的多通之前加入一套在线还原管路,主要用于将一些难以 VG 进样的高价无机物还原为 VG 进样效率较高的对应低价化合物。如将 Se(Ⅵ)、Te(Ⅵ)还原为 Se(Ⅳ)、Te(Ⅳ)。与发展较为成熟的在线氧化相比,在线还原技术出现较晚,研究人员首次提出了用于 LC-AFS 联用系统的在线还原接口,该接口不使用试剂,仅需将 PTFE 管盘绕在紫外灯上,当含有 Se(Ⅵ)的溶液流过后,经紫外线照射就可以转化为 Se(Ⅳ)。在紫外照射前加入 KI 作为还原剂,可以更进一步提高 Se(Ⅵ)和有机硒向 Se(Ⅳ)的转化率。分析过程为:LC 流出液进入接口后与 0.1%KI 溶液混合后,I^- 被紫外激发为 I^{-*},I^{-*} 将各种 Se 形态转化为 Se(Ⅳ),Se(Ⅳ)流入 HG 单元进一步转化为气相的 H_2Se,送入 AFS 检测。开发出一种基于纳米 TiO_2 的在线还原接口,该接口以内插涂敷 5 层纳米 TiO_2 玻璃纤维的石英管为主体,石英管前端接有三通,将 LC 流出物和 0.9mol/L 硫酸＋1.5mol/L 甲酸混合,混合液流经被紫外灯照射的石英管时,纳米 TiO_2 吸收紫外线催化甲酸还原 Se(Ⅵ)为 Se(Ⅳ),Se(Ⅳ)流入 HG 单元进一步转化为气相的 H_2Se,送入 AFS 检测。该接口对 Se(Ⅵ)的氢化物发生效率达到了 Se(Ⅳ)的 53%左右,高出不加纳米 TiO_2 直接紫外照射时 2 个量级以上,说明该接口非常成功。

2. LC-AFS 联用中的柱切换技术

LC-AFS 联用中经常会使用到离子色谱柱,但通常的单根离子色谱柱无法同时分离阴、阳离子及中性物质,所以要同时分析某种元素的全部形态时经常会采用多柱切换技术来实现。

采用阴、阳离子柱切换 LC-AFS/AAS 系统测量了海产品中的 As 形态。该系统对 As 的各种形态都能较好地分离检测。此种柱切换装置将阳离子柱和阴离子柱结合,获得了较好的分离效果;但除进样一次外,基本相当于两套装置,则实用意义不大。

采用阴离子柱和 Cs 柱切换 LC-AFS/AAS 系统测量了尿中的 Se 形态。该系统可在 15min 内对五种 Se 的形态较好地分离检测。此种柱切换装置将 Cg 柱和阴离子柱完美结合,充分利用了两种分离柱的特性,用一台高压泵、一套接口、一台 AFS、一次进样测定了五种性质不同的 Se 形态,具有很好的实用价值。

(四)毛细管电泳与 AFS 联用

毛细管电泳(capillaryelectrophoresis,CE)是一种分辨率高、快速、试剂消耗量少及对不同物种之间平衡扰动小的分离技术,与 AFS 联用可以获得选择性好、灵敏度高的分析系统。但 CE 与其他色谱手段不同,CE 的流动相靠电渗流推动,流量远小于 AFS 的进样流量,而且维持电渗流必须要形成电回路,所以 CE-AFS 联用的接口除了要能够匹配两者的流量外,还要在接口处引入电极,这就对 CE-AFS 的接口提出了比 GC-AFS 和 LC-AFS 更高的要求。

1. CE-AFS 联用的接口

四通接口中不引入缓冲液,CE 流出液直接与修饰液(5%HCl)混合,Pt 电极直接插入混合接口处,5%HCl 构成电回路的一部分;而六通接口中电回路与传统的 CE 相同,以缓冲液连接 CE 流出液和 Pt 电极构成电回路。

2. 基于芯片的 CE-AFS 联用

有研究人员在常规 CE 的基础上,进一步改进了 CE AFS 联用装置,实现了基于芯片的 CE-AFS 联用,进样时在缓冲液槽(700V)、样品槽(1000V)、样品排废槽(接地)上分别加不同电压,则样品可以通过电迁移方式定量进入分离通道,样品通道和排废通道没有交于同一点,而是错开了 200μm,这样可以提高进样量。分离时,将缓冲液槽提高到 3 000V,修饰液槽接地,样品槽、样品排废槽同时加 2 100V(70%分离电压)电压,从而防止样品泄入分离通道。这种条件下样品会在分离通道中得到很好的分离,并与修饰液混合后流出芯片。该接口非常类似于一个喷雾器,只是喷雾器的两个进口分别流入芯片流出液和 KBHa 溶液,两溶液在喷嘴处会发生 VG 反应,压力直接释放入气液分离器(gas liquid separator,GLS),不会对前端造成反压,Ar 载气从喷嘴侧面引入,保证气相产物能被有效地带入 GLS 中。为了维持 VG 的连续反应并缩短分离时间,芯片的各储液槽均比出口高 3mm,但这会影响到分离效果,可以通过调整 GLS 和芯片的相对高度来减弱这一效应,实验发现,GLS 排废支管与储液槽齐平时效果最佳。另外,为了及时调控液位,获得较好的重复性,各储液槽均为敞开式,这与通常的 CE 芯片有所不同。该分离系统对 Hg^{2+} 和甲基汞的检出限分别为 $53\mu g/L$ 和 $161\mu g/L$,接近或超过了 CE-ICP-MS 的检测能力。

四、原子荧光形态分析的应用

原子荧光形态分析目前已经取得了很多进展,但总的来说还处在发展阶段,普及率不高,在日常工作中的应用尚不多见。但该技术的出现也澄清了一些以前难以解决的问题,提供了一些新的检测思路和方法

(一)海产品中无机砷的测量

在自然界中,砷的主要形态有砷酸盐(AsV)、亚砷酸盐(AsⅢ)、一甲基砷(MMA)、二甲基砷(DMA)、三甲基砷的氧化物(TMAO)、砷甜菜碱(AsB)、砷胆碱(AsC)和砷糖(AsS)等,其中无机砷(iAs,包括 AsV、AsⅢ)的毒性很高;而有机砷中仅有 MMA 和 DMA 有较小的毒性,其他有机形态大多无毒,所以也可简单地认为无机砷的含量基本能够反映有毒砷的含量,这是测量无机砷的卫生学基础。根据上述原因,我国也制定了相应的无机砷限量,并给出了检测无机砷的通用方法,其核心是基于"使用 6mol/L HCl 可仅将待测样品中的无机砷溶出,而有机砷则不被溶出"的原理,提取出无机砷在经过预还原、氢化物发生后使用比色或原子荧光法检测。

近年来,海藻类产品被大面积检出无机砷超标,甚至引发了这些产品能否安全食用的讨论。但同一海域出产的动物型海产品用通用方法测量完全正常,这说明海藻类产品不应是被无机砷污染,而是存在其他问题。另外,砷在海产品中的主要存在形式有 5 种,即 iAs(剧毒)、AsB(无毒)、AsC(无毒)、DMA(低毒)、AsS(无毒)。海生动物型食品中的主要砷形态是 AsB、

AsC 和少量 DMA;海生植物型食品中主要砷形态是 AsS 和少量 DMA,几乎均不含无机砷。采用高效液相色谱-氢化物发生原子荧光(HPLC-HGAFS)检测了通用方法检测紫菜时的中间产物,发现国标方法实际是将 AsS 和 DMA 误报成了 iAs。

由于重点关心的两种无机砷形态均可直接氢化物发生,因此分别考察了用水+甲醇(1+1)常温提取紫菜所得提取液和用 6mol/L HCl 在 60℃下 18h 提取紫菜所得提取液,其结果为:紫菜的水/甲醇提取液中大量存在的是几种有机砷形态,标记为 unAs I(保留时间 3.0min)、unAs II(保留时间 4.7min),属于砷糖(AsS)。除这些形态外,还存在少量 DMA(保留时间 3.5min)和极低含量的 AsIII(保留时间 2.7min)。由于普遍认为水/甲醇提取液能够反映样品中原有形态,这说明紫菜中 99% 左右的砷都是以无毒的有机形态存在的,而高毒性的无机砷含量很低,这说明通用方法的测量结果不准确。

6mol/L HCl 提取后的样品中,仍然含有大量有机砷,这说明通用方法出现了原理性错误,6mol/L HCl 除了可以提取无机砷外,还同时提取了大量的有机砷。6mol/L HCl 提取后 As 形态发生了明显的改变,原有的多种有机砷形态均转化成了单一的 DMA,虽未出现有机砷到无机砷的降解,但大量的 DMA 会干扰后续的无机砷测量,造成结果显著偏高,这就是无机砷误报的原因。

(二)原子荧光形态分析用于蛋白质分析

形态分析技术除了可以作直接分析,测定金属有机化合物以外,还可以通过元素探针技术进行一些间接测量,研究采用汞探针对含硫分子和蛋白质做了较为系统的研究,为形态分析开辟了一条新的思路。

含硫蛋白与生物体中很多基本功能相关,特别是对酶活性的调控有着重要作用,另外,含硫蛋白中巯基(—SH)的数目、位置都会对蛋白质的活性有很大影响。长期以来,由于基体的复杂性,所以含硫蛋白的鉴定和分离一直是一项富于挑战性的工作。在这一领域中各种探针被广泛使用,其中汞探针由于其对巯基的高度亲和性和特异性被广泛认可,而原子荧光形态分析技术对汞有很高的灵敏度,所以非常适于鉴定含硫蛋白和确定其中的巯基数目。其具体做法是将天然或经变性还原的蛋白质与对羟基汞代苯甲酸(p-hydroxymercuribenoate,PHMB,分子式 $HOHgC_6H_4COOH$)反应,使得与 Hg 结合的羟基被蛋白质中的巯基所取代,生成形如 Protein-(S-

PHMB)n 的分子,n 为蛋白质中巯基的含量,这些分子采用疏水色谱或反相色谱分离,其氧化剂为 KBr/KBrO$_3$ 和 HCl 在线混合生成的 Br$_2$,与 Protein-(S-PHMB),反应生成 Hg^{2+},Hg^{2+} 再与 NaBH$_4$＋N$_2$H$_4$ 并反应生成 Hg 蒸气,Hg 蒸气被 Ar 带入气液分离器及 AFS 检测器测得信号。

该检测系统具有如下特点:①利用 HIC 和 RPC 可以对不同的含硫蛋白和 PHMB 形成的 Protein-(S-PHMB)n 分子加以分离,对生物样品中的蛋白成分得到定性结果;②由于 AFS 对 Hg 有很高的检测灵敏度,对 PHMB 的检测限可以达到 4.1×10^{-11} mol/L,因此该系统对含-SH 的蛋白有非常高的灵敏度,可达到 10^{-12} mol/L 的量级,能对很低含量的蛋白质进行定量检测;③由于在线消解系统对 PHMB 和 Protein-(S-PHMB)的消解效率相当,且其消解产物 Hg^{2+} 的 AFS 信号不受基体的影响,因此单位浓度的 Protein-(S-PHMB)n 可产生 n 倍于单位浓度 PHMB 的荧光信号;④使用该技术在蛋白质变性前测量可得到蛋白质中自由巯基或胱氨酸巯基的数目,变性还原后可测得蛋白质中全部巯基的数目,两者之差的一半即是二硫键的数目。采用这种方法可以快速准确地获得多种含硫蛋白的定性、定量和部分结构信息,为原子荧光形态分析的应用开创了一个全新的领域。

第五章　X射线荧光光谱分析法及其应用

第一节　X射线荧光光谱分析的原理阐释

一、莫塞莱定律

亨利-莫塞莱用实验证明元素的主要特性由其原子序数决定,而不是由原子量决定,确立了原子序数与原子核电荷之间的关系。在一系列出色的实验中,他发现了X射线谱上各对应线的频率之间的关系。他在20世纪发表的一篇论文中提出报告频率与原子序数加一个常数所构成的整数的平方成正比。这个关于原子序数的基本规律的发现叫作莫塞莱定律,成为原子知识进展的一个里程碑。

莫塞莱发现在一个元素的X射线谱内,强度最高的短波长谱线,与元素的原子序数Z有关。他辨明这条谱线为K_α谱线,并且发现这关系可以用一个简单的公式表达,后来称为莫塞莱定律:

$$\sqrt{v} = k_1 \cdot (Z - k_2) \tag{5-1}$$

式中:v为X射线频率;k_1和k_2为依不同种类的谱线而设定的常数。

根据里德伯公式,K_α谱线的k_1是$\dfrac{3}{4}R$,R为里德伯频率,3.29×10^{15}。

L_α谱线的k_1是$\dfrac{5}{36}R$。k_2值是一个一般性实验常数,专门用来配合K_α跃迁谱线或L_α跃迁谱线。莫塞莱计算出K_α的k_2值是1,L_α的为7.4,与实验数据相当接近。因此,莫塞莱的K_α谱线和L_α谱线的公式可以表达为:

$$v(K_\alpha) = \frac{3}{4} \cdot 3.29 \times 10^{15} \cdot (Z-1)^2 \, \text{Hz} \tag{5-2}$$

$$v(L_a) = \frac{5}{36} \cdot 3.29 \times 10^{15} \cdot (Z-7.4)^2 \, \text{Hz} \tag{5-3}$$

根据玻尔模型,当核外电子由 n_i 跃迁至 n_f 发射 X 射线荧光时,其能量为:

$$E = hv = E_i - E_f = \frac{m_e q_e^4 q_z^2}{8h^2 \varepsilon_0^2} \left(\frac{1}{n_f^2} - \frac{1}{n_i^2} \right) \tag{5-4}$$

式中: h 为普朗克常量; m_e 为电子的质量; q_e 为电子的电荷量(-1.60×10^{-19}C); q_z 为原子核的电荷量; ε_0 为真空电容率。在多电子原子情况下,需要考虑电子壳层对核电荷的屏蔽效应(screeningeffect),也需要对式(5-4)进行修正。

在一般情况下,原子轨道电子总是从低能级开始依次逐渐填满各量子数表征的允许能级。随主量子数 n 的增加,能量随之增高。实际情况下,电子的填充顺序或能级的高低是按下列次序排列的:1s、2s、2p、3s、4s、3d、4p、5s、4d、5p、⋯也就是说,以 $n=4, l=0$ 的 4s 电子比 $n=3, l=2$ 的 3d 电子能量低(l 称为轨道角动量量子数)。这称为"穿透效应",即高能级的电子轨道可能穿插进入低能级轨道区,造成能级的交叉。在原轨道上形成电子空位,随后在 $10^{-12} \sim 10^{-24}$s 内,该原子内层电子重新配位,高能级的轨道电子可能跃迁到电子空位的能级,以补充电子空位,同时释放出相当于跃进电子初态能级与终态能级差的能量。这一能量可能以电磁辐射的形式放出,即 X 射线荧光。X 射线荧光的能量等于两个能级间的能量差,即

$$E_x = Rhc(Z-\alpha)^2 \left(\frac{1}{n_1} - \frac{1}{n_1} \right) \tag{5-5}$$

式中: E_x 为特征 X 射线的能量; n_1, n_2 分别为壳层电子跃进前后所处壳层的主量子数; R 为 $1.097\,37 \times 10^7$(m^{-1}),里德伯常数; h 为 6.626×10^{-34}(J·s)普朗克常量; c 为 3.0×10^8(m/s),光速; α 为正数,与内壳层的电子数目有关; Z 为原子序数。

对于 K 系,上述中 $\alpha=1, n_1=1, n_2=2$,对于 L 系,式中 $\alpha=3.5, n_1=2, n_2=3$。上式表明,特征 X 射线的能量(E_x)与原子序数平方(Z^2)成正比。这个规律就是 X 射线荧光分析方法的物理基础,即物理学中著名的莫塞莱定律。原子发射 K、L、M 等各条特征谱线的程度,决定了原子各壳层电子被逐出的相对概率。但是概率最大的是逐出最内层的 K 层电子,其次是 L 层、M 层电子。所以特征 X 射线强度最大的是 K 系谱线,其次是 L 系谱

线,再次是 M 系谱线。各系谱线之间的强度比相对近似的为 K∶L∶M＝100∶10∶1。因此 X 射线荧光分析方法中常常是利用 K 系、L 系这两种系列的谱线。

当光电效应引起内层电子发射,电子跃迁并辐射能量时,并不一定产生特征 X 射线荧光,还可以产生俄歇效应,发射俄歇电子。特征 X 射线发射只占一定份额,称之为荧光产额,用 ω 表示。芬克(W. R. Fink)提出了一个半经验公式,表明 K、L、M 系荧光产额和原子序数 Z 的关系:

$$[\omega/(1-\omega)]^{1/4} = a + bZ + cZ^2 \tag{5-6}$$

对原子序数 Z 较小的元素,发射 K 系 X 射线的概率很低;而对大多数元素,L、M 系 X 射线的荧光产额都较低,K 系 X 射线荧光产额较高。因而,使用 X 射线荧光方法时,对轻元素的探测不利,对中等以上原子序数的元素则比较容易探测。

二、X 射线在物质中的物理作用

X 射线与物质的相互作用主要有三种类型,即康普顿散射、瑞利散射、光电效应。当 X 射线与物质相遇时,一部分射线穿过样品;一部分被样品吸收产生荧光辐射;另一部分被散射回来。散射可能伴随能量损失,也可能没有能量损失,前一种情况称康普顿散射(非相干散射),后一种情况称瑞利散射(相干散射)。光电效应(包括 X 射线、俄歇电子、Coter-Kronig＜C-K＞跃迁)和散射作用取决于物质的厚度、密度、组成及 X 射线的能量。

当能量低于 1.022 MeV 时,总作用截面 σ_t 为三种作用的总和:

$$\sigma_t = \sigma_{pe} + \sigma_{rs} + \sigma_{cs} \tag{5-7}$$

式中:σ_{pe} 为光电效应截面;σ_{rs} 为瑞利散射截面;σ_{cs} 为康普顿散射截面。

(一)康普顿散射

康普顿散射作用过程发生在吸收物质内部入射光子与电子之间,是低能光子的主要作用原理。

散射光子的能量可表示为:

$$E' = \frac{E}{1 + \dfrac{E(1 - \cos\theta)}{m_0 c^2}} \tag{5-8}$$

式中：E' 为散射光子能量；E 为入射光子能量；$m_0 c^2$ 是电子（0.511 MeV）的本征能量，θ 是散射光子与电子原来的运动方向之间的夹角。光子将一部分能量传递给电子，使之获得一定的能量成为反冲电子。散射光子的角分布可通过 Klein-Nishina 公式的微分截面 $d\sigma/d\Omega$ 来计算：

$$\frac{d\sigma}{d\Omega} = Zr_0^2 \left(\frac{1}{1 + a(1 - \cos\theta)} \right)^2 \left(\frac{1 + \cos^2\theta}{2} \right) \left(1 + \frac{a^2(1 - \cos\theta)^2}{(1 + \cos^2\theta)[1 + a(1 - \cos\theta)]} \right)$$

$$\tag{5-9}$$

式中：$a = h\upsilon / m_0 c^2$，r_0 为经典电子半径。

（二）瑞利散射

瑞利散射，也称相干散射，入射光在线度小于光波长的微粒上散射后，散射光和入射光波长相同的现象。对光子运输的精确建模起着重要作用，它是发生碰撞作用后，光子的方向发生了改变，但是光子的能量保持不变。

（三）光电吸收与释放

在光电作用中，X射线光子被吸收，光子将全部能量传递给原子，然后光子消失，受激原子的某一壳层将会发射一个或多个光电子。

当 X 射线或 γ 射线（放射性核素激发源，如 ^{109}Cd、^{55}Fe 或 X 射线管（机器源）照射待测样品时，样品中元素的原子可能会被电离。若入射光子的能量大于原子的电离电势，则电离过程将发生并使原子发射一个或多个电子。

例如，一个能量为 E 的入射光子通过逐出原子内部壳层能量为 $E - E_K$ 的电子（K 壳层结合能为 E_k，$E > E_K$）从而使原子电离，则 K 壳层将会形成一个空穴，并使原子处于激发态，能级较高壳层的电子可能填充这一空穴。例如，L_1 壳层，填充 K 壳层电子空位时将会发射能量为 $E_k - E_{L1}$ 的 X 射线，该过程称为辐射跃迁。主要的跃迁命名规则：L－K 称为 K_α；M－K 称为 K_β；M－L 称为 L_α 等。

有时会出现较高能级的轨道电子几乎同时产生跃迁去填补这一空位。例如，能量为 $F_K - E_{L1} - E_{M1}$ 的电子，填补了 K 壳层空位时，同时会在 L_1 和 M_1 壳层形成新的电子空穴，这就是无辐射跃迁，这种过程会由于较高能级电子填补新的空穴而持续进行,直到所有的电离能都用于发射 X 射线和电子为止。原子结构(K、L_1、L_2 等)中某特定子壳层电离的概率取决于该壳层的电离截面。

三、特征 X 射线能谱

(一)全能峰分布

射线荧光分析的直接对象为仪器所测得的特征 X 射线能谱(Characteristic X-ray Spectroscopy),又被称为特征 X 射线仪器谱。由于特征 X 射线反映了相应元素的固有能量,因此,可以根据仪器测量的 X 射线能谱确定元素的种类和含量。

当 X 射线与探测器灵敏物质作用时,可能产生多种物理过程。光电效应将射线全部能量交给电子而发射光电子和 X 射线荧光;康普顿效应将损失掉部分能量并发射反冲电子,当继续与物质作用时也可能损失掉全部能量。这样,在入射 X 射线将全部能量损失在探测器灵敏区时,探测器输出的信号就与入射 X 射线的能量相关,在理想情况下与入射 X 射线能量成正比。经过探测器和电路的转换,在 X 射线谱上就获得一个与射线能量成正比的谱峰称为全能峰。在 X 射线谱上,横坐标表示道址,经能量刻度后则表示能量。获得全能峰的过程不单纯是光电效应,可能包括散射效应及反冲电子、光电子的激发过程和电离过程。

从理论上讲,特征 X 射线谱应为一条类似于脉冲形状的线谱,不存在宽度,但是实际测量的特征 X 射线能谱具有一定宽度。在 X 射线的探测过程中,X 射线将与周围的物质发生光电效应、相干散射和非相干散射,与探测器本身的材料发生相互作用,并使之发射 X 射线荧光,这些过程都造成了入射 X 射线能量的损失,造成了入射 X 射线能量的离散化。因此,实际测得的 X 射线能谱为一个具有一定分布的谱线。Fe 特征 X 射线峰有着一定宽度,其宽度是探测器和电子电路的贡献,用探测器和电子电路的分辨率表示,不同的探测器测量得到的谱峰宽度将有很大变化。一般而言,半导体探测器的能量分辨率较好,则闪烁体探测器的分辨率较差。

探测器技术的开发和利用,对 X 射线能谱测量技术的发展起了重要的推动作用。随着半导体探测器工艺技术水平的提高,半导体探测器在能量分辨率和探测效率两方面都满足了许多实验和应用需求。目前,使用较广泛的为 Si 半导体探测器,这里所涉及的 X 射线荧光分析系统也主要基于 Si 半导体探测器。先进的 Si 半导体探测器,如硅漂移探测器(silicon drift detector,SDD)不需要进行液氮冷却,并可常温使用,即能有着较高的能量分辨率。

能量分辨率是探测器的重要性能指标之一,与闪烁体探测器相比,半导体探测器有着较好的能量分辨率,所以它探测到的 X 射线能谱具有较好的谱峰形状。半导体探测器的能量分辨率主要决定于下述三个因素:电子-空穴对数目的涨落、探测器和电子仪器的噪声、电子-空穴对的俘获。其他影响谱仪分辨率的因素还有放大器-脉冲幅度分析器系统的增益稳定性、脉冲堆积效应,探测器的边缘效应和脉冲成形网络对不同脉冲上升时间的响应等。

另外,由于探测器的灵敏物质对本身的特征 X 射线是透明的,因此,它很容易穿过灵敏区域而不被记录,损失掉一特定的能量,在全能峰的低能侧出现一个谱峰——逃逸峰。其能量与 X 射线能量和探测器灵敏物质的成分有关。有学者认为,逃逸峰应该是全能峰的一部分,它包含了入射射线能量的特征。X 射线与 SDD 探测器的相互作用主要是光电效应和康普顿散射效应,其中光电效应形成了能谱中的全能峰部分,因为 Fe-K$_\alpha$ 射线能量和 Fe-K$_\beta$ 射线能量分别为 6.403keV 和 7.057keV,均高于探测器中 Si 原子的吸收限能量 1.838keV,因此,将有部分 Fe-K$_\alpha$ 射线和 Fe-K$_\beta$ 射线再次激发 Si 原子,使实测的 Fe 元素特征 X 射线能谱中存在两个 Si 逃逸峰。对于含有多个元素的混合样品而言,这两个吸收峰是影响分析准确度的重要因素之一,在解谱时要予以考虑。

(二)散射谱线与谱线拖尾

X 射线探测过程中将发生瑞利散射(相干散射)和康普顿散射(非相干散射)。瑞利散射射线能量与入射射线能量完全相同,因而无法从能量上区分开,只有根据有散射体和没有散射体时,在入射射线能量区间计数率的变化确认瑞利散射的存在。康普顿散射射线能量低于入射射线,与散射角相关。由于散射角在散射面不同位置上的变化及在试样中的多次散射,因此除了散射峰之外,在遍及入射射线能量以下的整个能区都能观察到散射射线,并形成一连续谱。康普顿散射截面及其计数率的大小与散射物质和入射射线能量相关。物质原子序数越小,入射射线能量越大,在某一固定方向上记录到的散射射线计数率就越高。入射射线与物质作用产生康普顿效应会从原子中打出反冲电子,反冲电子的能量与散射角有关,在散射角为180°时获得最大能量,在此能量以下,反冲电子在物质中的朝致辐射形成一朝致辐射连续谱,其上限即反冲电子的最大能量,称为康普顿边。

X射线能谱是经电子学系统处理之后所得到的能谱,入射X射线在探测中产生的电信号,经电路放大、传输、变换、处理后,会加大幅度分布范围,使谱线宽度加宽,分辨率变差,还会产生信号重叠、反冲和基线漂移等现象,最后是X射线谱畸变。电脉冲信号经放大器放大之后,由于电路中寄生电感和电容的作用,电脉冲信号结束之后,输出端并不立即回到零电位。虽然可以采用基线恢复或极零补偿等方式使输出端电位立即恢复,但总不能完全达到理想状态,若是在恢复时间内又有第二个脉冲输入,其脉冲幅度(代表入射射线能量)将明显受到影响,在低能端形成拖尾。显然,若电路存在电容性的寄生参量,X射线谱将在低能端形成拖尾。谱峰拖尾对X射线谱的分析很不利,需要解谱并对其进行扣除。

仪器测量的X射线能谱还有其他因素影响产生一些干扰谱线,如测量混合元素时常面临的和峰、探测器和入射窗的X射线荧光、结构材料的X射线荧光、激发源的杂质和背透射等,均有可能成为测量X射线能谱的一部分,使测量能谱更加复杂,因此,必须要进行解谱分析,才能得到相对准确的特征X射线计数(率),也才能保证进行准确的定量分析。

四、X射线荧光计数率计算

能量色散x荧光分析系统多采用X射线管作为初级激发源,由于该初级辐射与待测元素原子受激发后发射的X射线荧光在物质中均具有较强的穿透力,使X射线的探测与分析变得复杂化。为此,需要从理论上建立元素含量与X射线荧光计数率之间的定量关系基本公式,为基体效应和元素定量分析提供必要的理论基础。

在此做系列基本假设:①初级辐射是单色的,平行的;②待测样品是均匀的,表面平坦,面积为无限大;③样品中待测元素具有一定的光电吸收系数 μ、荧光产额 ω 和分支比 g;④样品对激发源初级辐射和待测元素X射线荧光具有一定质量吸收系数 μ_0 和 μ_K;⑤样品对初级辐射和X射线荧光的吸收系数远大于空气的吸收系数,因而空气的吸收可以忽略。

当需要进行测量的样品为多元素的混合样品,即待测元素只占样品中一定比例(以 W_K 表示含量),并考虑到样品是均匀的,并且在试样各薄层内,待测元素与非待测元素有相同的激发条件,则待测元素的计数率(i_K)公式可表示为:

$$i_K = \frac{K I_0 W_K}{\mu_0 + \mu_K} \left[1 - e^{-(\mu_0 + \mu_K)M} \right] \tag{5-10}$$

此时的吸收系数 μ_0 和 μ_K 分别是样品中各组分质量吸收系数的加权平均值,即

$$\mu_0 = W_K \mu_0(K) + \sum_{J \neq K} W_J \mu_0(J) \tag{5-11}$$

$$\mu_k = W_k \mu_k(K) + \sum_{J \neq K} W_J \mu_k(J) \tag{5-12}$$

式中:i_K 为待测元素的特征 X 射线计数率;W_K 为待测元素的含量;W_J 是非待测元素的含量;$\mu_0(K)$ 和 $\mu_K(K)$ 分别是待测元素 K 对激发源初级辐射和元素本身 X 射线荧光的质量吸收系数;$\mu_0(J)$ 和 $\mu_K(J)$ 分别是非待测元素 J 对激发源初级辐射和 K 元素 X 射线荧光的质量吸收系数;I_0 为初级辐射照射量率;M 为均匀试样的厚度;K 值取决于待测元素特性、探测器特性和几何布置。

将 i_K 用纯元素 K 的 X 射线荧光计数率 $i_K(K)$ 归一,令:

$$
\begin{aligned}
R_K &= \frac{i_K}{i_K(K)} \\
&= \frac{\dfrac{W_K}{\mu_0 + \mu_K}}{\dfrac{1}{\mu_0(K) + \mu_K(K)}} \\
&= \frac{W_K}{W_K + \dfrac{\sum_{J \neq K} W_j [\mu_0(J) + \mu_K(J)]}{\mu_0(K) + \mu_K(K)}}
\end{aligned} \tag{5-13}
$$

称 R_K 为归一系数。可见,R_K 与 W_K 之间为双曲线关系,其形状与元素含量和元素间的质量吸收系数有关。根据式(5-10)可以得到两种或更多种元素组成的混合样品中 R_K 与 W_K 的关系曲线。

第二节 X射线的激发源与探测器分析

一、射线初级辐射激发源

X射线荧光分析技术实现元素的定性与定量分析时,需要借助初级辐射源以激发元素产生特征X射线,通过测量此特征X射线才能进行后续分析。

(一)X射线管

尽管放射性同位素源广泛地应用于X射线荧光的激发,但对于Si、Al、Ca等轻元素的激发,人们越来越倾向于使用X射线管作为激发源。这是因为X射线管成本低,激发效果好、稳定,便于维护,同时不产生放射性污染,因此X射线管作为激发轻元素的激发源具有重要的作用。

典型X射线管的结构特点包括以下四点:

1. 低功率X射线管

低功率X射线管实际上是一类小型的普通X射线管。一般设计功率在10W量级($n\times10kV,0.1\sim1mA$)。由于电压和功耗较低,常采用自然冷却的方式,整个管体的尺寸可以做得较小,适合于能量色散X射线荧光方法使用。低功率管的基本结构与前面叙述的普通X射线管相同。由于功耗低,所以很多为防止过热、金属溅射污染、次级电子轰击的装置都可以简化,并可以使用较薄($n\times100\mu m$)的铍片作窗口,有利于低能X射线出射;也可以使用双靶结构,用外加静电场控制电子运动方向,根据需要选择靶材,这有利于避免元素特征X射线的相互干扰。由于功率小,因此阳极靶的使用寿命很长,也不至于因某一个靶损坏或被污染而使整个管子提前报废。

在大功率X射线管中,常采用直热式阴极,以获得较大的电子密度,保证有足够多的电子轰击阳极而提高输出X射线的照射量率,但是直热式阴极发射的电子是发散的,不易聚焦,而且灯丝物质在高温下挥发和溅射,很容易污染靶面和出射窗,因而低功率 X 射线管常用间热式阴极结构,并用栅极来控制电子的运动轨迹和阳极电流的大小。其阴极是敷在镍片表面的氧化钡层。灯丝电流通过镍片对氧化钡加热。氧化钡具有较好的电子发射性能而又不易挥发造成靶面污染。栅极由控制栅和聚焦栅多层对正放置,对电子束不会造成遮挡。栅极一般处于较阴极低的电位。其中,控制栅在低电位时,可阻止电子飞向阳极,起到对电子束及 X 射线发射的调制作用。聚焦栅电位主要控制电子的运动轨迹,以便使电子打在阳极上的焦斑符合设计的要求。这一系统通常称为多栅电子枪,与常见的电子管和阴极射线示波管电子枪的结构类似。使用多栅电子枪的低功率 X 射线管,在延长 X 射线管的使用寿命、提高 X 射线输出性能的稳定性等方面都有显著的效果。此外,按某种方式改变控制栅的电位,就能得到脉冲式的电子束,激发脉冲式的 X 射线,其工作频率可达 100kHz,这在解决计数率较高时的脉冲堆积现象时有显著的作用。

2. 场致发射 X 射线管

场致发射 X 射线管是一种冷阴极管。它不需要加热灯丝来发射电子,而是用针尖形成冷场致发射阴极(通常为一根钢针)在高电场强度下发射电子。整个 X 射线管由场致发射阴极、半球形阳极(靶)、薄被端窗(厚 0.1mm 量级)和圆柱形玻璃外壳组成。管内真空度在 10^{-5}Pa 以上。在 $n\times 10$kV 的高压下,针状阴极的尖端存在极高的电场强度,电子在高场强的作用下,由金属表面移出,被高电压加速打在处于高电位的金属阳极上,并激发该阳极材料的特征 X 射线和初致辐射。X 射线由与阳极相对的薄镀窗出射,作为 X 射线源并激发试样。

典型的场致发射 X 射线管,管径为 2.5cm,长 5~6cm。所加电压 30~70 kV,管流为 30μA。功耗 1~2W。所加高压电源一般是直流或脉冲直流,以连续方式工作。由于功耗低,输出 X 射线的照射量率也较低,一般为常用热阴极大功率 X 射线管的 $10^{-2}\sim10^{-3}$,这显然不适用于晶体分光的波长色散 X 射线荧光方法。但是在能量色散 X 射线荧光方法中,其由于低功耗、不需要热丝电源,不需要水冷却、寿命长等优点而受到关注。此外,其 X 射线能量可随阳极材料的更换而任意选择。其照射量率虽较普通 X 射线管低,但仍高于常用的放射性核素源,更不可能造成放射性污染。其主要缺点是不能自如地改变管流。当为了激发阳极靶材特征 X 射线而选定某一管压之后,其管流就是固定不变的,故而作为激发源,其照射量率就不能像普通 X 射线管那样进行调整。

3.亨克(B.L.Henke)X 射线管

亨克 X 射线管是一种可拆卸式的低能高光子通量 X 射线管激发源。其工作原理与普通热阴极大功率 X 射线管相同。20 世纪 60 年代,亨克在射线管结构上做了些改变,使之在低能 X 射线范围内具有广阔的用途。之后,中国科学院光学精密机械研究所又在亨克的工作基础上进行了改进。经过改进的亨克 X 射线管具有低能量、高光子通量的特点,能够适合于激发低原子序数元素的 X 射线荧光,并在光刻、X 射线照相等方面有广泛的应用。

4.透射阳极 X 射线管

普通热阴极反射式 X 射线管发射的 X 射线,除了阳极物质的特征 X 射线之外还包括很强的韧致辐射连续谱。用来激发试样时,切致辐射连续谱只有一小部分对待测元素的激发有作用,大部分将在试样上散射,形成强的散射背景。在分析微量元素成分或测定弱谱线时将造成明显的干扰,甚至完全湮没测量谱峰。为此,设计了透射阳极射线管。整个 X 射线管由多栅电子枪、薄的透射阳极(薄靶)和靶座组成,分别用玻璃管壳连接,并抽成高真空。薄靶则焊接在导热很好的金属靶座(热斗)上。多栅电子枪发射的电子束经调制和聚焦之后打在薄靶上。薄靶一般用厚度为 $0.05 \sim 0.10$ mm 的纯金属片制成,常用的材料为 Cf、Cu、Mo、Rh、Ag、W、Au 等。电子轰击薄靶所产生的 X 射线透过薄靶,由电子入射的反面经出射窗口出射。

(二)放射性同位素源

同位素激发是指利用放射性核素在自身衰变过程中释放的能量来激发待测物质,从而产生 X 射线荧光的一种激发方式。同位素激发方式是 X 射线荧光分析方法产生以来应用于分析领域中最常用的激发方式,得到了广泛的应用。

同位素源激发方式是指利用放射性核素衰变时产生的 γ 射线激发待测元素。由于放射性同位素源产生的射线能量较高,照射强度却较低,适合激发荧光产额较高的重元素,产生较强的 X 射线荧光,如采用 [55]Fe 主要测 Si、S、P、K 等元素,采用 [23]Pu 主要测 Fe、Mn、Cu＞Pb、Zn 等元素,采用 [241]Am 主要测 Mo、Sn、Sb＞Ba 等元素。

1. 同位素源的要求与特点

在已知的元素中,绝大部分元素都具有同位素,其中一部分具有天然放射性同位素。但并不是所有的同位素都可以作为激发X射线荧光的激发源,能够作为激发源的同位素必须满足以下要求。

(1)具有合适的能量,放射源发射的射线能量稍大于待测元素的吸收限,这样才能有效地激发其X射线荧光,同时,初级辐射在试样上产生散射的连续谱又不至于干扰X射线荧光的测量。

(2)放射源的发射谱线能量比较单一,除了有效地激发辐射外,在低能侧和高能侧都设有强谱线存在。

(3)具有足够长的半衰期,在工作过程中比较稳定,无须经常进行活度校正。

(4)可以制成高比活度的活性体,比活度用单位质量中放射性核素的活度(Bq/g)来量度,能制成活度合适、均匀的小型放射源。

(5)活性体具有良好的物理和化学稳定性,在使用过程中不会发生物理化学变化,不会造成环境污染,使用方便、价格便宜。

放射性同位素源主要有以下特点:①体积小,重量轻,无须电源供电;②对某些元素的激发效率高;③X射线能量单一,单色性好;④X射线谱线本底低;⑤射线照射量率低,能量不可调,激发效率低;⑥一般而言,放射源安装在探测器正中部位的下面或者侧面,挡住了部分接受X荧光信号的有利部位,对测量精度不利;⑦短寿命源需经常购置和更换,成本高。

2. 同位素放射源的组成

放射源一般由四部分组成:源芯、防护层、出射窗和源外壳。源芯是含有放射性物质的活性体,它包括选用的放射性物质和固定这些物质的非放射性材料,如玻璃、搪瓷、离子交换树脂或电镀衬底等。防护层常由重金属合金组成,其作用是阻止射线往其他方向出射。出射窗是放射源初级辐射出射的通道,根据源的性质和能量分别采用有机膜、被片或薄不锈钢片做窗材料。较厚和原子序数较大的窗材料可能吸收能量较低的部分射线而改变放射源初级辐射的能量组成。源外壳常用牢固、耐腐蚀的不锈钢制成,采用焊接方式密封,以防止放射性物质泄漏。在实际工作中尽量少使用裸源,尤其是 ^{238}Pu、^{241}Am、^{242}Cm、^{244}Cm 等超铀元素,均属极毒类放射性核素,必须制成密封源。同时,要注意出射窗(常为很薄的被片)的完好。若发现可疑情况,则可用棉花轻轻擦拭窗口表面,然后对棉花进行 α 测量。由于它对粒子的探测具有很高的效率而本底很低,因此比较容易发现泄漏的放射性物质。对有泄漏现象的放射源应立即送有关专业单位修补处理。

放射性核素源的形状主要有三种:点源、片源和环源。在放射性核素激发 X 射线荧光分析中最常用的是片源和环源。使用哪种源主要根据试样的形状、大小、所需激发源初级辐射照射量率和探测装置的几何布置而定。其目的是提高待测元素 X 射线荧光的照射量率和信号本底比。

3. 常用的放射性同位素源

(1) ^{241}Am 源。

利用核衰变产生的 γ 射线作为激发源时,要求放射性核素在衰变中发射的主要 γ 射线能量比较单一,没有其他能量的 γ 射线,或者其照射量率甚低;同时,主要能量要适合于激发待测元素的 X 射线荧光。使用比较广泛而且特性比较典型的软 γ 射线源是 ^{241}Am。^{241}Am 源的价格便宜,半衰期长(433 a)。它是 α 辐射体,在 α 衰变时发射 γ 射线。能量主要有 59.54keV 和 26.4keV 两种,它可以用来激发原子序数 35~65 的元素的 K 系 X 射线荧光。处于激发态的衰变产物 ^{237}Np 内转换系数很大,因而能发射产额很高的特征射线 Np-L,主要有 Np-L$_{\alpha 1}$(13.95keV,25.2%),Np-L$_{\beta}$(16.84keV,6.5%),Np-L$_{\beta 1}$(17.7keV,36.4%),Np-L$_{\gamma 1}$(20.7 keV,8.5%),此外还有 ^{241}Am-L X 射线。当用不锈钢做窗口时,只有 59.6 keV 的 γ 射线用来做激发源,26.4 keV 的 γ 射线比较弱,其他能量 X 射线均很弱。

(2) ^{57}Co 源。

^{57}CO 是一种常用的 Y 源。利用其 121.9 keV 和 136.3 keV 的 γ 射线,可以有效地激发 W、Hg、Au、Pb、Bi、Th、U 等重元素的 K 系谱线。^{57}Co 的主要缺点是半衰期太短(270d),需要经常更换新源,在工作过程中,半衰期需要随时进行校正。

(3) ^{238}Pu 源。

^{238}Pu 用来激发较重元素,是利用其子体 ^{234}U 处于激发态发生内转换跃迁时伴随发出的 U-L 系 X 射线作为激发源。其能量为 11.6~21.7keV,平均能量相当于 16.5keV。^{238}Pu 是 α 辐射体,其半衰期为 87.7 a,伴随 α 衰变发射多种能量的 γ 射线。但光子产额都很低,一般在 10^{-5}(光子/衰变)量级以下,只有 43.5keV(3.92×10^{-4} 光子/衰变)和 99.9keV(7.40×10^{-5} 光子/衰变)稍高,但对试样 X 射线荧光的激发和计数都没有明显的贡

献。^{238}Puα衰变的子体^{234}u处于激发态。它由激发态跃迁到基态时伴随很强的U-L系X射线,其主要谱线有U-L$_{\alpha 1}$(13.6keV)、U-L$_{\beta 2}$(16.42keV)、U-L$_{\beta 1}$(17.22keV)和U-L$_{\gamma 1}$(20.16 keV)。

利用^{238}Pu源发射的一组U-L系X射线激发原子序数22~39的元素的K系谱线具有很好的效果。对于重元素(^{72}W~^{92}U)的上系X射线的激发也比较有效。但由于L系荧光产额较低,其灵敏度和检出限都不如测量K系谱线好。在激发针、铀元素的X射线荧光时,由于谱线能量和相干散射及非相干散射连续谱之间相互重叠,因此散射本底扣除和重峰分解问题必须注意。由于^{238}Pu具有半衰期长、使用稳定的特点,在X射线荧光分析中应用较为广泛。

(4)^{109}Cd源。

与^{55}Fe类似,^{109}Cd源也是以K俘获方式进行衰变,产物为昭^{109}Ag,在K层形成电子空位。^{109}Ag再以同质异能跃迁方式衰变为稳定核素^{109m}Ag。^{109m}Ag跃迁到^{109}Ag时,也可能以内转换方式在K层轨道上形成空位,因而^{109}Cd衰变过程中Ag-K系X射线的产额很高,大于100%。在实际工作中,主要利用能量为22.16keV和24.95keV。^{109}Cd的半衰期为453d,偏短,但仍可应用,不过要注意半衰期校正。

(三)加滤光片的直接激发方式

X射线能谱测量的目的是测量射线的能量分布和各能量X射线荧光的计数率。

1.滤片的工作原理

(1)吸收限滤光片。

利用吸收限能量两侧吸收系数差别很大这一特点,可以进行能量选择。即在低吸收系数范围内,射线大部分透过;而在高吸收系数范围内,透过率较小,在穿过滤片后,其照射量率将受到明显抑制。这类滤片主要用于两种情况:一是改善激发源的谱线能谱成分;二是在多元素分析中,吸收限滤片用来压制某些高含量组分的强X射线荧光,以提高待测谱线的测量精度。

(2)平衡滤光片对。

在对成分复杂的样品做单元素分析时,需要具有一定能量通带的能量选择滤光片来剔除周围半生元素的干扰。平衡滤光片就是为此设计的。

使用两种相邻元素 A 和 B($Z_B = Z_A - 1$),分别制成薄片。A 元素的薄片厚度为 M_A,吸收限为 K_{abA},在其两侧的吸收系数为 μ_{1A} 和 μ_{2A}。 同样,对 B 元素薄片的厚度为 M_B,吸收限为 K_{abB},吸收系数为 μ_{1B} 和 μ_{2B}。 如果适当选择薄片厚度 M_A 和 M_B,可以使在一定能量范围内,透过率曲线重合。即:

$$E \geqslant K_{abA} \text{ 时}, e^{-\mu_B M_B} = e^{-\mu_A M_A} \tag{5-14}$$

$$E \leqslant K_{abA} \text{ 时}, e^{-\mu_{2B} M_B} = e^{-\mu_{2A} M_A} \tag{5-15}$$

而在 $K_{abA} \sim K_{abB}$ 区间内,吸收系数有明显的差别,分别用为 μ_{0A} 和 μ_{0B}。 这样,当一束不同能量的射线入射时,先令其通过 A 元素薄片,并测得吸收后的总计数率 I_A。 能量高于 K_{abA} 的 I_2 的入射射线按指数规律 $e^{-\mu_{1A} M_A}$ 被吸收;能量低于 K_{abB} 的 I_2 按指数规律 I_0 被吸收。介于两者之间的 I_0,同样按指数规律被吸收。只是 μ_{0A} 车 较小,约为 μ_{1A} 的最小值。同一射线束穿过 B 元素薄片,测得吸收后的总计数率 I_B。 其他类似,只是 μ_{0B} 较大,约为 μ_{2B} 的最大值。

读取两次的差值 ΔI,即:

$$\Delta I = I_A - I_B = (I_1 \cdot e^{-\mu_{1A} M_A} + I_2 \cdot e^{-\mu_{2A} M_A} + I_0 \cdot e^{-\mu_{0A} M_A}) -$$

$$(I_1 \cdot e^{-\mu_{1B} M_B} + I_2 \cdot e^{-\mu_{2B} M_B} + I_0 \cdot e^{-\mu_{0B} M_B}) \tag{5-16}$$

调整薄片厚度,满足式(5-14)和式(5-15),于是:

$$\Delta I = I_0 \cdot (e^{-\mu_{0A} M_A} - e^{-\mu_{0B} M_B}) \tag{5-17}$$

即只要这两种元素薄片在能量区间 $K_{abA} \sim K_{abB}$ 之外的透过率相等,那么 ΔI 与能量区间 $K_{abA} \sim K_{abB}$ 内的射线计数率 I_0 成正比,其比例系数为两薄片透过率 η_B 和 η_A 之差 $\Delta \eta$:

$$\Delta \eta = \eta_A - \eta_B = e^{-\mu_{0A} M_A} - e^{-\mu_{0B} M_B} \tag{5-18}$$

"平衡",即两片不同薄片在能量区间 $K_{abA} \sim K_{abB}$ 之外透过率相等。具有平衡性能的两片不同元素的薄片称为"平衡滤光片",能量区间 $K_{abA} \sim K_{abB}$ 称为"能量通带"。通带内吸收系数较小的,透过率较高的薄片称为"透过片"(A 片);反之,吸收系数较大、透过率较小的称为"吸收片"(B 片)。$\Delta \eta$ 就称为"透过率差值"。

不同的元素组成的滤片有不同的能量通带,而组成滤片的物质,决定了能量通带的能量位置和宽度。如果要求测定某一能量的 X 射线荧光,则应选择合适的 A 元素和 B 元素,使通带包括待测 X 射线荧光的能量 E_x,并尽可能窄一些,以排除相近能量射线的干扰,即选择 A 元素吸收限大于

并尽量接近于 E_x；而 B 元素吸收限小于并接近 E_x。而通带宽度越大，平衡性能的调整也就越困难。某些元素具有可能具有几条可供测量的能量不同的 X 射线荧光，则应从中选择干扰少、滤片制作方便的谱线进行测量。

K 系吸收限只有一个不连续点，由此而制作的纯元素滤片通带单一，便于调整，是最常用的一种方式。当不能得到合适的纯元素或纯元素不便利用时，则常使用该元素的高含量简单化合物（常用其氧化物）制作滤片。特殊情况下，也可以利用重元素的 L 系吸收限。

2. 滤片厚度的理论计算

(1)纯元素滤片厚度的计算。

假设满足平衡条件 $e^{-\mu_{0A}M_A}=e^{-\mu_{0B}M_B}$，对应的元素，其吸收系数也是定值，但 M_A 和 M_B 可变，具有多解性。我们的目的是如何确定最佳厚度，即通带内的透过率差值为最大，以保证仪器既有较高的灵敏度。通带内：

$$\Delta\eta = e^{-\mu_{0A}M_A}-e^{-\mu_{0B}M_B} \tag{5-19}$$

而通带外平衡，所以 $C\cdot M_A=M_B$（一般 C 取 $1.5\sim1.9$）。为了书写方便，令 $\Delta\eta=\Gamma,M_A=M_B=x$，于是：

$$\Gamma = e^{-\mu_{0A}x}-e^{-\mu_{0B}x} \tag{5-20}$$

解得：

$$x = \frac{1}{\mu_{0B}-\mu_{0A}}\cdot\ln\frac{\mu_{0B}}{\mu_{0A}} \tag{5-21}$$

根据通带内元素的吸收系数，就可以计算滤片的最佳厚度。

(2)混合物滤片的考虑。

某些由于本身的特性而不能利用，如气态、液态元素，或本身在自然界不稳定，只能用其稳定的化合物制成滤片，这就必须考虑其他元素的影响。化合物的选取一般要具备以下条件：其有效成分（即选定的滤片元素）含量要高；非有效成分须是轻元素；其吸收限与有效组分差别要大；吸收系数要小；化合物在自然条件下稳定。这样，其吸收限 K_{ab} 与有效组分相同，但吸收系数是各组分吸收系数的加权平均值。即：

$$\mu_{mB}(\Sigma)=W_B\cdot\mu_{mB}+(1-W_B)\mu_{mM}$$
$$\mu_{mA}(\Sigma)=W_A\cdot\mu_{mA}+(1-W_A)\mu_{mM} \tag{5-22}$$

其中，$\mu_{mB}(\Sigma),\mu_{mA}(\Sigma)$ 是混合物对某一能量射线的质量吸收系数；W_B,W_A 是有效组分在混合物中的含量；μ_M 是非有效组分的质量吸收系数。将式(5-22)代入式(5-21),可以计算滤片的最佳厚度。

3. 滤片的制作工艺简述

制作滤片的方法很多,常用的有:

(1)轧制法。

轧制法是用轧机将滤片物质轧制成一定厚度的薄片。这种方法需要有精密轧机,而且只适用于某些在自然条件下稳定的、展性良好的金属元素,因而应用不多。

(2)镀层法。

镀层法是将滤片元素电镀、蒸镀或喷涂在很薄的铝箔或塑料薄膜基片上。根据计算数据控制器厚度。此法也需要专用电镀设备,而且物质性质也受到限制。

(3)热压法。

热压法是将制作滤片的元素或其化合物研磨至 200～250 目,加入20%～30%(质量)的低压聚乙烯粉,均匀混合,在模型中加热成型。根据模型面积,用称量法控制滤片的厚度。

(4)黏合法。

黏合法是将滤片用元素或其他化合物充分磨细至 250 目,与黏合剂溶液混合调匀后,用毛笔直接涂在玻璃上,等溶剂挥发后即成薄片。

近年来,还出现了电阻加热法、电子枪,此两种方法可以制作厚度小于1μm 的滤片,制作过程中采用 α 测厚仪和分光光度法。

总体来说,第三种方法和第四种方法工艺简单,操作方便,应用较广。

4. 滤片平衡性的测定和调整

制成的滤片虽然经过理论计算,但由于工艺和物质成分的差别以及厚度的误差,一般不能完全达到平衡,需要实际测定器透过率,并进行调整。

(1)透过率差值计算方法。

平衡是指滤片通带外透过率差值为零。实际中一般要求其差值小于1%,即:

$$\Delta\eta_0 = \frac{I_{ZA} - I_{ZB}}{I_{Zi}} \tag{5-23}$$

式中:I_{Zi} 为不加滤片时通带外某一谱线的计数率;I_{ZA}、I_{ZB} 为在同样激发、测量条件下分别通过透过片和吸收片后的计数率。

在通带内,待测元素 X 射线荧光在不加滤片时的计数率为 I_0,分别通过透过片和吸收片后测得的计数率为 I_{0A} 和 I_{0B}。于是通带内的透过率差值 $\Delta\eta_0$ 为:

$$\Delta\eta_0 = \frac{I_{0A} - I_{0B}}{I_0} \times 100\% \tag{5-24}$$

在较好的情况下,$\Delta\eta_0$ 可达 50%,一般为 30%～40%。必须说明,在不加滤片测得的 I_0 中,包括待测元素的全部 K 系(L 系)谱线的计数率。而在通带内透过率差值时,K_β 线常在通带之外,使 I_0 比实际数值偏大,因而还需要对式(5-24)的结果用分支比较法校正。

(2)测定步骤。

第一步:用原子序数为 Z 的待测元素的纯元素化学标准作试样,在不加滤片的情况下,测定其 X 射线荧光微分谱,并由此选定合适的仪器工作状态。

第二步:选用一系列能量标准试样(单元素化标),除原子序数 Z 的待测元素以外,还应包括原子序数(Z-2)、(Z-3)、(Z-4)、(Z-5)的元素以及(Z+1)、(Z+2)、(Z+3)、(Z+4)、(Z+5)的元素。具体做法是,向这些元素的化合物中分别加入低压聚乙烯粉,混匀,热压成厚 3～4 mm 的圆形薄板。在放射源激发下产生具有一定能量的 X 射线荧光,作为能量标准。为使 X 射线荧光计数率适中,元素含量一般以 2%～10%为宜。

第三步:将各元素的能量标准片作为试样,不加滤片测得 I_{Z+i};加透过片或吸收片测得 $I_{(Z+i)}A$ 和 $I_{(Z+i)}B$,代入式(5-23)计算透过率差值:

$$\Delta\eta_{Z+i} = \frac{I_{(Z+i)A} - I_{(Z+i)B}}{I_{(Z+i)}} \tag{5-25}$$

若在通带外,$\Delta\eta_{Z+i} \leqslant 1\%$;而在通带内,$\Delta\eta_Z$ 为 30%～40%,则表示滤片合格。

(3)调整方法。

由于物质成分、厚度、均匀程度不一致,因此滤片的透过率也不一致而影响其平衡,常见的不平衡情况如图 5-1 所示。

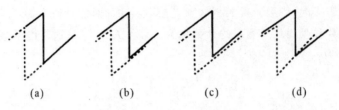

(a)   (b)   (c)   (d)

图 5-1 常见的不平衡情况

其因素有三种：①吸收突变的高度不同(b)；②厚度不合适，引起透过率曲线平行移动(c)；③非有效组分的显著差别造成通带外曲线交叉(d)。

其调节原则为：

混合物制成滤片时，非有效成分会使吸收突变高度减小，因此制片时可在吸收突变较高的一片中多加入一些黏合剂，使两片高度趋于一致。

由于加大滤片厚度，透过率减少，曲线向下移动；减小滤片厚度，透过率加大，曲线向上移动。因而可用细砂纸将偏厚的一片磨薄，使曲线趋于一致，即通带外透过率差值接近零。

通带外曲线交叉往往是由两个滤片的密度和有效原子序数差别较大引起的，较难调整，可用密度和有效原子序数相近的两种元素的化合物制作滤片，或加入少量邻近元素，以引入附加吸收突变，使曲线趋于一致。

二、X 射线荧光的探测

试样被激发所产生的特征 X 射线不能被人们的感官敏锐感受，更不能定量测量，必须采用某种传感器，将特征 X 射线转变为便于观察、便于处理的信号，然后采用某种设备加以记录。随着原子能科学技术的发展，对 γ 射线的探测积累了丰富的经验，开发了多种探测器和记录设备。X 射线作为一种电磁辐射在微粒性的性质上与 γ 射线具有很多相似之处。而在 X 射线荧光光谱仪上根据 X 射线的波动性来研究 X 射线在晶体上的衍射，除了早期采用感光胶片摄像外，现在主要是在衍射晶体分光仪的出射方向上装上核辐射探测器，以电磁辐射光子的形式进行记录。也就是说，无论从 X 射线的微粒性还是波动性来研究 X 射线都离不开根据其微粒性特征所设计的探测器。由于 X 射线与 γ 射线在性质上相近，可以大量采用研究 γ 射线时开发的各种探测器，然后与各种记录设备连接，组成一个完整的 X 射线探测仪器。

在 20 世纪五六十年代，即核辐射探测技术迅速发展的早期，有关电路方面的研究逐渐从电子学中分离出来，形成一个新的学科分支——核电子学，并在有关探测器附属电路和信息放大、处理、记录等方面取得了卓越的成绩。十多年来，计算机技术渗透到自然科学甚至人文科学的各个领域，开发了各种高性能的自动控制系统和数据处理系统，逐步覆盖甚至代替了核电子学研究的领域。核电子学重新融合到电子计算技术这一新兴学科中，得到更大更迅速的发展，而辐射探测技术也因此达到更高的境界。

（一）X 射线探测器

1. 半导体探测器的主要性能

（1）能量分辨率。

与气体中产生电子-离子对的情况一样，在某一特定的半导体中产生一个电子-空穴对平均消耗的能量是一个常数，称为"平均电离能"，用 ω 表示。对于常用的半导体材料，ω 与入射射线的性质、能量无关，因而使半导体探测器具有很好的能量线性。产生电子-空穴对的数目的平均值 $\bar{n}_0$ 可以表示为：

$$\bar{n}_0 = \frac{E}{\omega} \tag{5-26}$$

而电子-空穴对数的统计涨落 σ_n 还与法诺因子有关：

$$\sigma_n^2 = F\bar{n}_0 \ \text{或} \ \sigma_n = \sqrt{F\bar{n}_0} \tag{5-27}$$

法诺因子 FH 是引入的一个调整参数来联系实际观察的均方差与根据泊松公式预言的均方差。

与探测器能量分辨率联系的相对均方差为：

$$\frac{\sigma_n}{n_0} = \sqrt{\frac{F}{\bar{n}_0}} \tag{5-28}$$

从上面的讨论可以知道，表面上，半导体探测器的能量分辨率（暂时不考虑其干扰因素）取决于产生电子-空穴对的数目 n_0，实质上取决于平均电离能 ω 的数值。对一定能量 E 的入射射线，ω 越小，n_0 就越多。在 Si 和 Ge 中产生一个电子-空穴对所需的能量分别为 3.8eV 和 2.9eV；而气体探测器中产生一个电子-离子对实际需要 20～26eV；在闪烁计数器中，光电倍增管光阴级上产生一个光电子和除各种损失后实际需要入射射线能量为50eV。即半导体探测器在同样能量射线入射时可提供 10～20 倍信息载流子,其相对统计涨落或分辨率明显优于正比计数器和闪烁计数器。

由前所述,能量 E_0 的入射带电粒子在半导体探测器中产生的电子-空穴对数 n_0 的方差为:

$$\sigma_n^2 = F\bar{n}_0 \tag{5-29}$$

电子-空穴对数 n_0 的涨落服从高斯分布,所以 σ_n 对应的高斯分布的半高宽为:

$$\Delta N = 2.35\sigma_n = 2.35\sqrt{F\bar{n}_0} = 2.35\sqrt{F\frac{E_0}{\omega}} \tag{5-30}$$

式中: E_0 为入射射线能量; ω 为平均电离能; F 为法诺因子。若 ω 和 F 基本保持不变,则 $(FWHM)_{涨落}$ 随能量的增大而缓慢增大。

仪器谱测得的总能量半高宽度或分辨率是电子-空穴对数涨落、探测器及仪器噪声和漂移等因素引入的半高宽度或分辨率的叠加,它们都被认为是服从高斯分布的,数理统计中已经证明,具有高斯分布的几个独立随机变量之和仍然服从高斯分布,因此总能量半高宽度:

$$(FWHM)_{总}^2 = (FWHM)_{涨落}^2 + (FWHM)_{噪声}^2 + (FWHM)_{漂移}^2 + \cdots \tag{5-31}$$

(2)探测效率。

探测效率主要取决于探测器的大小和形状、灵敏区介质的吸收系数、入射窗口和死层引入的窗效应以及射线激发介质 X 射线荧光产生的逃逸四个方面。对低能 X 射线能量范围,射线与物质的相互作用主要是光电效应。所以即使在探测器厚度较小时,只要射线与物质作用,就将损失全部能量,对全能峰有所贡献。当然,在小体积探测器中,由于散射效应或边缘部分电场不均匀形成低幅度的连续谱本底。所以半导体探测器的本征全能峰效率在 $n\sim n\times10\text{keV}$ 能量范围内非常接近 100%。因此,在这一谱段内,提高探测器的绝对效率主要是设计增加其有效面积而不是厚度。

随着入射射线能量的增大,探测效率开始下降。这首先反映了光电吸收截面随能量的变化。因为光电吸收截面 $\tau_{ph} \propto E^{-3.5}$,所以全能峰效率随能量的增加而迅速下降是必然的。同时光电吸收截面 $\tau_{ph} \propto Z^5$,Ge 材料的原子序数较 Si 大,而且密度也较大,HPGe 探测器还可以制成较 Si(Li) 探测器大的厚度,因此 HPGe 在能量较高的谱段具有较高的效率。探测器的低能端的探测效率主要依赖于低温装置真空窗口的材料、厚度和探测器入射面的死层厚度。在能量很低时,空气的吸收也会对探测效率有影响。从探测器制作的角度讲,主要是真空室窗厚的选择,采用薄 Be 窗,可以获得好的低能端效率特性。但真空室的气密性难于维持,较薄的 Be 片容易漏气,容易破损,价格也贵得多。

2. Si(Li)探测器

大约在 1960 年,佩耳提出了一种在 P 型 Si 或 Ge 中进行锂漂移的方法,用 Li 对 P 型材料中的受主进行补偿得到高电阻率的 Si 和 Ge,形成具有很大厚度($n \sim n \times 10mm$)的没有载流子导电的"本征区"(I 区,intrinsic region),形成一种 P-I-N 结构。用这种材料制成的半导体探测器称为 PIN 型半导体探测器。常用的是锂漂移硅探测器(记作 Si(Li),简称硅-锂探测器)和锂漂移锗探测器(Ge(Li),锗-锂探测器)。这里主要介绍 Si(Li)探测器。

Si 的原子序数和密度均远小于 Ge 的,它与 γ 射线的总作用截面和光电截面比 Ge 低得多,对探测高能 γ 射线很不利,却更适用于低能 γ 射线和 X 射线的测量。同时,Si 的特征 X 射线能量仅为 1.8 keV,逃逸的概率远远低于 Ge 的 10 keV 的特征 X 射线,因此,这将减少全能峰面积的修正误差从而提高了测量的精度。Si(Li)探测器的能量分辨率受统计涨落、探测器及电子学的噪声、探测器的死层、真空装置入射窗等影响。由于 Si(Li)探测器的灵敏区相当厚,因而其漏电流较大,为降低漏电流涨落引起的探测器噪声,一般要工作在低温和真空的条件下。为了提高对低能光子和电子的探测效率,真空室的入射窗一般选择铍窗。Si(Li)探测器能量分辨率的参考能量为 5.9keV(^{55}Fe 的 KX 射线),一般能量分辨率半宽度可达到 $135 \sim 230eV$。

由于 Si 半导体的禁带宽度较大,因此在保存和工作状态时不如 Ge(Li)探测器严格,在室温下加一定偏压也可以长期保存。但最好还是低温(液氮温度 $-196℃$,77K)下保存和工作,防止常温下 Li^+ 的反漂移,并减少噪声和确保最佳的分辨率。因此,实际应用的 Si(Li)探测器还包括一套提供低温的附属装置,包括低温容器(杜瓦瓶)、冷指、真空室和探测器支架。探测器和前置放大器的场效应管经支架装在冷指上,整个支架要保证良好的导热性能。冷指是一个直径约 2cm 的纯铜棒,作为探测器和液氮之间的导热装置。

真空室的作用是保持探测器部分的低温和保证探测器表面的清洁。在探测器入射表面的一端,还需装上很薄的铍窗,以减小真空室壁对 X 射线的吸收。

3. Si-PIN 探测器

近年来,半导体探测器有了迅猛的发展。用于能量色散 X 射线荧光分析仪的 Si(Li)探测器谱仪能量分辨率已达到 135eV。不用液氮冷却的新型电致冷 Si-PIN 半导体探测器于 20 世纪 90 年代中期问世,能量分辨率已由当初的 300eV 达到现在的 145eV。虽然分辨率比 Si(Li)和 HPGe 探测器低,但不需要液氮冷却,也就不需要携带庞大而笨重的液氮冷却装置,因此仪器体积大大缩小,使用也方便,降低了日常维护难度和仪器的运行成本。

在 1997 年 Pathfinder 号飞船上,成功完成火星岩石和土壤分析任务采用的就是 X 射线荧光分析系统,其中 X 射线探测器使用的就是 Si-PIN 半导体探测器,由美国 Amptek 公司研制。该项技术是将 Si-PIN 半导体、电致冷装置和电荷灵敏放大器捆绑在一起,在室温下工作。

入射 X 射线和 Si 原子发生相互作用,X 射线能量每损失 3.62eV 就会在 Si 晶体中产生一个电子-空穴对。随着入射能量的不同,能量损失或以光电效应为主,或以康普顿散射(Compton scattering)为主。而探测器吸收 X 射线能量并产生电子-空穴对的概率(即探测效率)随着 Si 的厚度增大而变大。为了提高电子-空穴对收集效率,需要在 Si 晶体上加 $100\sim200$V 的正高压,而具体大小则取决于硅的厚度。在室温下工作时,该偏压对半导体而言过高,很可能漏电甚至击穿硅晶体。但在 XR-100CR 型探测器中首次应用了热电制冷技术,保证探头在低温下工作,这样漏电流大大减小,从而可以实现在高偏压下的正常工作。另外,高偏压还能降低探测器的电容,进而降低系统噪声。热电制冷器同时对 Si 探测器和场效应晶体管(为电荷灵敏前置放大器提供输入)进行冷却。对场效应管的冷却能减少它的漏电流,同时,能增加跨导(transconductance),二者都能减少系统的电子学噪声。实际上光电二极管探测器无法直接进行光学自复位,因此 XR-100CR 系列产品应用一种新型的反馈控制方法来实现电荷灵敏前置放大器的自复位。没有继续采用传统产品中的复位晶体管,而是通过发射一个精确的电荷脉冲到场效应管中来实现自复位,其中利用了到探测器的高压连接和探测器电容。该方法避免了自复位晶体管的噪声问题,系统的能量分辨率进一步提高。利用热电制冷的探测器内部元件的温度会随着室温的变化而改变,故为即时监控这些元件的温度,还在 Si 基底上安装了一个用于温度监控的二极管芯片。低于 $-20℃$ 的情况下,XR-100CR 的性能在几摄氏度的范围内都不会有明显变化,故通常在室温条件下使用时无须采用闭合环路的温度反馈控制电路,但在 OEM 手持式 X 射线荧光谱仪设备应用中则强烈推荐使用温度反馈控制电路。探测效率在低能量部分由 Be 窗厚度决定,而高能量部分则由 Si 晶体有效厚度决定,Be 窗越薄,探测器灵敏区越厚,探测效率就越高。

4. SDD 探测器

SDD 探测器,全称硅漂移探测器(silicon drift detector,SDD)。硅漂移探测器工作原理和 Si-PIN 探测器类似,但它利用单电极结构大大提升了性能。同样的探头面积下,硅漂移探测器电容比传统 Si-PIN 探测器电容低很多,则所需成形时间变短,电子学噪声也会大大降低。因此硅漂移探测器可以相同(较高)的计数率下得到比传统探测器更好的能量分辨率。需要注意的一点是,硅漂移探测器需要负高压,而前放输出为正脉冲,这和标准 Si-PIN 探测器所要求的正高压,而前放输出为负脉冲正好相反。

XR-100SDD 型硅漂移探测器(SDD)是 Amptek 公司出品的一款新型 X 射线探测器,它标志着 X 射线探测器生产工艺的变革。XR-100SDD 因其体积小、性能优越且价格便宜等特点,是 OEM 手持式和台式 X 射线荧光谱仪设备的理想选择;而且它在保证优异的能量分辨的同时还能达到相当高的计数率,可以满足各种参数需求。

探测器在同一尺寸下,随着峰化时间的增大,能量分辨率也在提高;而对于同一类型探测器而言,探测面积越小,能量分辨率也会越高,而探测效率则会越低。

另外,Amptek 公司已推出了下一代 SDD 探测器——Supper Fast SDD,其成形时间更小,分辨率更高,在合金成分分析方面优势明显,现已在四川新先达测控技术有限公司等企业成功开发应用。

5. Si-PIN 与 SDD 的比较

Si-PIN 探测器和 SDD 探测器在用于能量色散 X 射线探测方面各有所长,主要体现在三个方面:

(1)在同样的表面积下,SDD 探测器的能量分辨率优于 Si-PIN。在很短的峰化时间内,SDD 具有更高的能量分辨率,这特别有利于高计数率的环境中。在噪声角(噪声最小时的峰化时间),SDD 依然能保持良好的能量分辨率。因此在需要高计数率下的高能量分辨率的情况下,SDD 是比较好的选择。

（2）Si-PIN 探测器能够获得较大的灵敏面积和较厚的耗尽层，因此在能量分辨率要求不是特别高，而高的探测效率更为重要的情况下，Si-PIN 是比较好的选择。

（3）由于 SDD 在加工上更为复杂，其价格比 Si-PIN 昂贵，因此在对成本考虑比较苛刻时，Si-PIN 是不错的选择。

（二）偏振 X 射线荧光探测技术

为了获得最佳的激发效果，提高灵敏度（检出下限），传统 EDXRF 谱仪采用滤片来降低背景，阻止由 X 射线管产生的不具有激发效能的 X 射线进入样品，这样可以部分地提高灵敏度。但同时由于吸收的原因，在有效激发的高能量端，同样会产生能量损失。由于偏振 X 射线本身具有极强的方向性，散射射线很少，X 射线极为纯净，无须滤光片，减少了 X 射线的损失，仪器背景低，与传统 EDXRF 谱仪相比，背景降低 5～10 倍，信噪比高，降低了中、重元素的检测限，增加了轻元素的检测灵敏度，也减少了半导体探测器低计数率的局限性。自 20 世纪 70 年代朱拜等人研制出第一台偏振能量色散 X 射线荧光光谱仪以来，偏振能量色散 X 射线荧光光谱分析技术开始得到广泛应用，迅速发展到农业、医学、考古、地质、环境监测等诸多领域，同时也向智能化、小型化、自动化、专业化发展。偏振能量色散 X 射线荧光光谱法就是在确定好制样方法的前提下，采用偏振能量色散 X 射线荧光光谱仪对各种固体和液体样品中的成分进行定性和定量测定的方法。

1. X 射线荧光偏振化技术的原理

偏振 X 射线荧光（P-EDXRF）光谱法是在 EDXRF 光谱分析技术的基础上发展起来的，它是在传统 EDXRF 光谱法的基础上引入偏振技术形成的，因此 P-EDXRF 光谱法的原理是基于传统 EDXRF 光谱法的。而传统 EDXRF 光谱分析的基本原理在不再赘述，主要介绍 X 射线荧光的偏振化。

X 射线是电磁波，电磁波是横波。电磁波对物质的作用主要是电场，由电矢量 E 和磁矢量 B 组成，电矢量又称光矢量。光波中光矢量的振动方向总是与光的水平传播方向垂直。任何方向上的光矢量都可以分解成相互垂直的两部分。结构的优点是 X 射线管的散射射线由于偏振作用基本不能进入探测器，从而消除了 X 射线管产生的原级谱在样品上由散射引起的背景，提高了峰背比，有利于痕量元素的测定。

目前，荧光偏振主要应用于医学和生物学，因为荧光偏振测定溶液有着成熟的理论背景，称为荧光偏振免疫分析法。荧光偏振光强度（P）定义为：

$$P = (I_\perp - I_-)/(I_\perp + I_-) \qquad (5\text{-}32)$$

式中：$I_\perp$ 和 I_- 分别为荧光被激发后，发射光在垂直和水平方向上的强度。荧光偏振光强度（P）是一个无量纲的指数。荧光子在溶液中的 P 值在 0～1 之间。荧光偏振光强度 P 与测定体系中各因素的关系为：

$$(1/P - 1/3) = 1/P_a + (1/P_a - 1/3)(RT/V)(\tau/\eta) \qquad (5\text{-}33)$$

式中：P_a 为极限荧光偏振光强度；R 为摩尔气体常量；T 为绝对温度；V 为摩尔分子体积；τ 为荧光寿命；η 为溶液的黏度。从式(5-33)可知，对于荧光寿命一定的物质，降低温度、增大分子体积和增加溶液黏度都会使 P 值增大。当溶液的温度和黏度都固定时，P 值主要取决于荧光子的分子体积。由于荧光偏振光强度与荧光物质受激发时分子转动速度成反比，所以小分子物质在溶液中旋转速度快，P 值较小；大分子物质在溶液中旋转速度较慢，P 值越大。

利用荧光偏振技术，最新出现了偏振同步荧光法、偏振-导数-同步荧光法、特异性荧光免疫分析法、磁场效应-偏振-共振同步荧光法。

2. 偏振次级靶

偏振次级靶主要有三种类型：布拉格靶、X 射线荧光靶、巴克拉（Barkla）靶。每种靶有不同的分析范围，根据分析元素的不同应用不同的偏振次级靶。由于巴克拉靶对原级谱的偏振度通常约为 90%，在分析某些重金属元素时还需要配置一级滤光片。有些仪器还采用了多级靶转换技术自动对不同的分析元素采用不同的次级靶。

（1）布拉格靶。

在三维几何光路系统中将晶体安装在 X 射线和样品之间，依据布拉格公式将晶体调整到适当位置，使入射线呈 90°产生衍射。这是一个极好的偏振器，常用 HOPG 或 LiF200 晶体。布拉格衍射公式为：

$$n\lambda = 2d\sin\theta \qquad (5\text{-}34)$$

式中：n 为衍射级，是一系列整数；λ 为谱线波长(Å)；d 为分光晶体的晶面间距(Å)；θ 为入射光束与晶体表面的夹角，也即衍射角。

（2）X 射线荧光靶。

在激发样品中某一元素的特征 X 射线时，所选用的荧光靶的特征 X 射线能量必须大于待测元素特征谱的吸收限，通过荧光靶的选择，可选择性地激发待测元素,避免共存元素的干扰。通常荧光靶是由金属或金属化合物制成,如 Al、CaF_2、Fe、Ge、Zr、Mo、Ag、GeO_2 等,有的 P-EDXRF 谱仪可配置十多个次级靶,具体可以根据分析任务的需要来选配。

(3)巴克拉靶。

巴克拉(Barkla)靶通常由高密度的轻元素化合物制成,如 Al_2O_3 靶和 BC_4 靶。利用 X 射线管的原级谱在巴克拉靶上产生的散射射线激发样品,Barkla 靶上产生的散射射线由 X 射线管阳极靶的特征谱和连续谱组成。Barkla 靶自身产生的 X 射线荧光由于能量太低并不能激发样品中的重元素。Swoboda 等 1993 年提出用 Al_2O_3 作巴克拉靶,他们在不同能量区间比较了 Be、BC_4、HOPG 和 Al_2O_3 四种靶材对原级谱散射,在 30keV 以上能量范围内,Al_2O_3 作巴克拉靶,其散射效率最大,可用于激发原子序数在 45~80 的重元素的 K 系线。通常巴克拉靶对原级谱的偏振度约为 90%,因此有时需要配置一级滤光片。

(三)预衍射 X 射线荧光探测技术

1895 年,伦琴发现 X 射线之后,一直在研究其本质——波动还是粒子。经过不断的探索,1913 年,劳厄等发现了 X 射线的衍射现象,证明了 X 射线的波动性。此时,晶体学在经历了快速的发展之后进入了几乎停滞的时期,而布拉格将 X 射线衍射同化学的物质结构分析联系在一起,开创了 X 射线晶体学。随着科学的发展,X 射线衍射效应得到了极大的发展,尤其在物质成分及晶体结构的分析研究方面取得了空前的发展。

1. X 射线衍射基础

X 射线的本质是电磁波,与可见光完全相同,仅是波长短(λ 为 0.01~100Å)而已,因此具有波粒二象性。产生明显衍射现象就必须满足:①相干波源;②缝、孔的宽度或障碍物的尺寸跟波长相差不多或者比波长更小。布拉格方程是 X 射线衍射的基本理论公式,当 X 射线以掠角 θ(入射角的余角)入射到某一点阵晶格间距为 d 的晶面上时,在符合式(5-34)的条件下,将在反射方向上得到因叠加而加强的衍射线。布拉格方程简洁直观地表达了衍射所必须满足的条件。

2. X 射线的相干散射

X 射线与物质作用时,有多种方式。

X射线被物质散射时,有两种作用方式,即相干散射(经典散射)和非相干散射(康普顿散射)。这里主要说明相干散射,它是物质中的电子在X射线电场的作用下,产生强迫振动。这样每个电子在各方向产生与入射X射线同频率的电磁波。由于散射射线与入射线的频率和波长一致,位相固定,在相同的方向上各个散射波符合干涉条件(频率相同、相位差固定、震动方向一致),因此称为相干散射。在这个过程中,并未损失射线的能量(波长和频率不变),只是改变其传播方向,所以相干散射又称为弹性散射。

第三节　X射线荧光定性与定量分析方法

一、定性分析

(一)从所有谱线中寻找最强线

多数情况下,当原子序数Z小于40时,应寻找K系线,大于40时,可寻找L系线。这主要取决于可用或所用的激发电压。尽管M系线也可应用于此目的,但M系线的分布和强度变化较大,且可能来源于那些只是部分充填的轨道,甚至是分子轨道,故相对而言,M系线较少应用于定性分析的目的。M线多用于Z大于71的情况。如果一个谱线系被干扰,则应选择不同的谱系,寻找最强线。

(二)多条特征光谱线同时存在,且相互间的强度比正确

在XRF分析光谱中,应证实同系列多个特征光谱线同时存在,必要时还需证实不同谱系特征线的存在。例如,当发现K_α线时,则应同时证实有K_β线的存在。否则,不能确认在未知样品中存在该种元素。应用其他谱线或谱系时亦如此。

在同一谱线系中,不同特征谱线的强度比例一定,故要判断其相互间的强度比例是否正确。多数情况下,$K_{\alpha1}\sim K_{\alpha2}$在K系线中占据主导地位。低原子序数的$K_\beta$线要比$K_\alpha$线弱得多。对L系线,则较为复杂。例如,Sr的$L_{\alpha1}:L_{\alpha1}=100:65$,而Au的$L_{\alpha1}:L_{\beta1}=89:100$。

X 射线谱线绝对测量强度尽管受多种因素影响,但主要由荧光产额 ω 和溢余临界电压值决定。溢余临界电压值是指光管激发电压超出被测元素的临界激发电压的多余部分,荧光强度与溢余临界电压的 1.6 次备幂成正比,即荧光强度随 $(V-V_{临})^{1.6}$ 而变。

二、定量分析

准确测定样品中元素含量是能量色散 X 射线荧光方法中最重要的目的之一,定量分析技术研究自然成为 X 射线荧光分析技术工作的重点。在 EDXRF 技术中,基体效应是影响分析精度的关键问题,对 EDXRF 测量荧光计数率会产生较大的干扰,造成元素荧光计数率强度与元素含量之间呈现出非线性关系,因此,基体效应的校正方法一直是 X 射线荧光分析领域不断开展的一个重要课题研究工作;如何有效地降低基体效应的影响,也是提高 EDXRF 分析精度的一个重要研究方向。为此,在建立定量分析方法时,均需考虑对基体效应的校正。

(一)基体效应

基体效应是 X 射线荧光分析方法中不可避免的客观事实,样品中基体效应影响并制约着分析元素的测量准确度和分析精确度,是给 X 射线荧光分析方法带来误差的主要因素。

1. 影响基体效应的因素

在能量色散 X 射线荧光分析中,基体效应的影响因素是十分复杂的。它受诸多因素的影响,主要受 X 射线与物质间相互作用的影响。

表现在室内测试工作中,主要为待测样品的组成、待测元素的种类、样品的粒度等。如果待测样品组成简单、待测元素能量相差较大、样品粒度较细(一般 120~200 目)且相同,则基体效应就小得多,克服起来也容易得多。相反;如果待测样品成分复杂、来源多样、待测元素能量相差较小、样品粒度差别大,则基体效应就大,对分析结果的影响也大,分析精度就受到限制。

如果在野外现场进行测试,则除受待测样品的组成、待测元素的影响之外,还受测试条件的影响,如湿度、测试面的几何形状等。因此,在现场进行测试所受基体效应的影响最大。

2.基体效应的校正方法

X射线荧光(XRF)分析技术在地学及相关领域都得到了较为迅速的发展,与此同时,影响XRF分析的基体效应校正方法的研究也更加深入,先后有学者提出了特散比法、差值法、多元回归法、准绝对测量法、经验分类法、吸收因子法、列线图法、稀释法、增量法、饱和曲线法、补偿法和单滤片法等多种方法。下面对各种基体效应校正方法加以对比说明。

(1)经验分类法。

在相同的激发-测量条件下,若标样和待测样品的物理形态和化学组成相同,则可以认为某元素K的X射线荧光计数率I_K与样品中该元素含量W_K成正比,经验分类法是X射线荧光取样中应用最早和应用最多的方法之一。所谓的经验分类法就是根据被测对象的宏观物理特性、岩(矿)石类型或者某一物理参量的大小,对被测对象进行人为的分类,分别建立相应的标准曲线或者数学校正模型,然后对不同类型的被测对象使用相应的标准曲线或者数学校正模型进行定量取样。该方法的依据是在相同的激发-测量条件下,若标样和待测样品的物理状态、基本化学组成相同,则可认为,标准样品和待测样品中元素特征X射线计数率与其含量成正比,并具有相同的比例系数,因此待测样品中待测元素的含量可用标准样品中的比例系数进行计算。从表面上看,这是一种特殊的、不容易满足的条件,但实际上在工作中经常见到,如同一个工厂生产的水泥,同一类合金,同一矿山出产的矿石等,都具有相同的或相近的化学组成,只要在制样过程中注意保持工艺流程的一致性就可以满足上述要求。在实际应用中,经验分类法常常与其他基体校正方法联合使用,在有效地校正基体效应的同时,使标准曲线和数学校正模型的个数最少。

(2)分类特散比法。

特散比法是利用目标元素特征X射线计数率与激发源放出初级射线在待测物质上产生的散射射线计数率的比值进行基体效应校正的方法。由于散射射线同X射线荧光一样,也是源初级射线与待测物质相互作用的产物,在X射线荧光测量中,散射射线同X射线荧光同时被取样仪器的探测器所记录。因此,以散射射线计数率来校正基体效应,实际上是一种特殊的内标法。它适合于对轻基体中少量或微量元素的测定,但是,对于重基体的元素测量就显得极为不便。如果选择与待测元素X射线荧光能量相近的某一区域区间的散射射线,并分别记录其计数率,计算其比值I_K/I_c,则由于能量相近,基体效应对 I_K、I_c 影响的取向和幅度也相近,取其比例值明显抑制基体效应引入的误差。因此,这一方法并不是普遍使用的,只是在一定条件下才能取得较好的效果。分类-特散比法就是先将样品按其宏观特征进行分类,使同组样品中,元素间的吸收、增强过程相似,然后再选用同类的标样对比,并用特散比方法消除由于试样密度、等效原子序数变化所引入的误差。这样,对于不同类型的样品,采用同类标样按特-散比法建立的工作曲线,即将经验分类法与特散比法相结合,可以取得好的校正效果。但是,广泛使用的特散比法也不例外,它只有在不存在增强效应和特征吸收的情况下校正效果好,但实际情况是复杂的,常会出现一些既存在试样密度和等效原子序数变化,又存在特征吸收的情况。

(3)列线图分类法。

由于基体效应的影响,待测元素与特征 X 射线计数率之间的线性关系歪曲,在基质成分比较简单时,可以根据这一"歪曲"情况作图,并直接读取待测元素含量。列线图法实际上是经验分类法的推广,即按吸收物质的数量或其特征 X 射线计数率分别用不同的工作曲线来计算含量。在绘制列线图时,可以用人工方法模拟矿石成分配制成具有不同待测元素含量的一系列样品,或者最好选取工作区具有不同待测元素含量的一系列矿样,在同一条件下测量待测元素的特征 X 射线计数率。根据测量结果及样品中元素含量作列线图。在实际应用中,可以测得各个样品(或测点)的待测元素和主要吸收元素特征 X 射线计数率,在直角坐标上确定该点的位置,并在量等值线图上直接读取待测元素的含量。但是在地质勘察和矿产资源的评价中,可能遇到更加复杂的情况,尤其是非待测元素中特征吸收元素的大幅度变化,会给待测元素分析引入明显的误差。随着特征吸收元素含量的增加,待测元素 X 射线荧光计数率就明显下降,这就很难用一条工作曲线来表示函数关系。在这种情况下,根据宏观的矿石物理性质就很难进行分类。

(4)标准值法。

标准值法可以认为是经验分类法的推广,主要是利用在不同岩性或不同矿石类型中选择目标元素含量趋于零的测点或样品,然后对同一岩性中各测点或样品上测得的参数值都对其标准值进行归一化,从而达到校正基体效应的目的。该法主要用于校正不同岩性或不同矿石类型的基体变化对 X 射线辐射取样的影响。

(5)补偿法。

当样品中存在特征吸收元素时,待测元素特征 X 射线的吸收系数与特征吸收元素的含量成正比。特征吸收元素含量越高,吸收待测元素特征X射线越多。利用补偿法的原理将特征吸收元素的特征X射线计数率按比例取出一份额添加到待测元素特征X射线计数中,补偿被吸收掉的份额,以达到校正基体效应的目的。

样品基体中干扰元素对被测荧光的吸收,会降低荧光计数率。吸收元素含量增加,荧光计数率就减小。如果同时测出吸收元素的荧光计数率,把两个计数率用适当的方式相加或相乘,就可以补偿由于吸收元素含量的增加所引起的被测荧光计数率的减少,从而达到修正的目的。从原理上说,补偿法是一种普遍性的方法,但当干扰元素种类较多时,这种方法是很烦琐的。

(6)补偿-特散比法。

补偿-特散比法是将补偿法和特散比法联合应用的一种方法。当选取的散射射线能量与待测元素特征X射线能量相差较大,而且在基体中同时存在对特征X射线具有特征吸收的干扰元素和非特征吸收的干扰组分时,单纯应用补偿法或者特散比法均不能取得较好的校正效果,此时用特散比法校正特征吸收效应,即补偿-特散比法可以达到满意的效果。

(7)净特散比法。

该方法是特散比法的一个特例。当激发源初级射线的一次散射射线能量与目标元素特征X射线能量相近时,在仪器谱上,特征X射线与散射射线峰相重叠,使散射效应增强。所谓的"净散射比法"即是从特征X射线峰中先扣除散射射线的份额,再与散射射线计数率相比,达到基体效应校正的目的。

(8)罗兹方程。

罗兹方程建立的每一个数学模型最多可以同时读出4种元素的含量,模型中考虑的干扰元素组合,主要是根据岩矿石、土壤中元素的分布特点、各元素之间的吸收与增强效应和谱线干扰程度而确定的。罗兹方程不适合复杂样品中多元素基体效应校正,而且应用的前提条件是探测器具有很高的能量分辨率。

(9)吸收元素校正方程。

在基体中同时存在对特征X射线具有特征吸收的干扰元素和非特征吸收的干扰组分时,即同时存在第一类基体效应和第二类基体效应。吸收元素校正方程是一种数学校正方,它也是校正基体中同时存在特征吸收效应和非特征吸收效应。

(10)半基本参数法。

半基本参数法具有清晰的物理概念，克服了实验校正方法的近似性，同时，又避免了基本参数法计算工作量大和参数数据不准确的弱点。目前半基本参数的校正模型和方法还不多，而且半基本参数综合效应的研究和测定仍需要一定的条件，因而在现场测量中应用这种方法还有一定的困难，有待进一步深入、细致的探讨。

（二）定量计算方法

1. 比值分析方法

用测量未知样品 C 所得的参数 C_i 除以与 C 同类的一固定样品 C_0（或者同一标样）同时所测的对应参数 C_{0i}，即得：$F_i = C_i/C_{0i}$，$(i=1,\cdots,n)$。然后用 F_i 而不是用 C_i 作为自变量计算未知样品元素含量的方法称为比值法测量。

从 X 射线荧光计数率基本公式可以看出：某元素 K 的 X 射线荧光计数率 I_K 与试样的元素含量 W_K 成正比，即：

$$I_K = K_K I_0 W_K/(\mu_0 + \mu_K) \tag{5-35}$$

满足一定条件，其比例系数 $K_K I_0/(\mu_0 + \mu_K)$ 应为一常数。在探测装置一定的情况，其 $K_K I_0$ 值是一定的，但 $\mu_0 + \mu_k$ 却取决于试样的物质成分。比值测量的基本原则是按同类样品进行测量（如果同类样品掺和有其他样品时，计算机采用自动分类技术自动消除），这样基本保证了 $\mu_0 + \mu_K$ 一致性。这时，采用同类样品作为参比样品，进行比值测量，用比值计算含量，将使结果误差减小，即：

$$I_参 = K_松 I_0 W_参/(\mu_0 + \mu_K) \tag{5-36}$$

$$W_K = K \cdot I_K/I_参 \tag{5-37}$$

比值技术的优点主要有：

(1)消除了 $\mu_0 + \mu_K$ 对测量的影响。

(2)对于不同温度，参比样和试样的谱峰同时漂移，但计效率比值却基本不变，消除了温度影响。

(3)由于两个相似样品各实测参数之间的比值基本不变，因此用比值作为自变量，可以达到有效克服计数值衰减的影响。以正比计数器为例：随着时间的推移，正比计数所充气体要不断消耗，影响计数率，即计数率会逐渐降低,如不用比值计算,则会影响分析准确度;由于各参数计数率比值基本不变,因此采用比值计算,误差会减少。

在实际工作中,仪器内部固定有一与所分析样品相同的样品加特殊材料制作而成的样片,仪器每次测量开始和稳谱结束后,首先要测量一次内置标样,然后才开始测量待测样,实际测量结果表明:该项技术可以有效地克服因环境因素改变和仪器内部参数变化所带来的影响。

内置标样的具体制作方法为:在每一种矿粉样(如铁精矿、石灰石)中加40%(体积比)的低压聚乙烯细粉,用玛瑙乳钵研匀,放在金属样环中,压至20 t左右,和模具一起放在升温至150℃的烘箱内,加热40 min,取出放在压片机上重新压至20t左右,直到压力表指针不动为止,取出样环,在底部涂上强力黏合剂,完好的参比样就做好了。

2. 工作曲线分析方法

为了分析未知样品中目标元素的含量,必须对分析系统进行标定,以确定元素的工作曲线。由于影响 X 射线荧光计数的因素很多,而且各种因素对计数的贡献很难确定,因此 X 射线荧光分析仪器不采用直接测量方法,而采用相对测量方法。相对测量方法采用基体与待测样品近似的一组元素含量已知且呈梯度变化的样品,在相同条件下进行测量得到以下关系:

$$\begin{bmatrix} C_1 \\ C_2 \\ C_3 \\ \vdots \\ C_{n-1} \\ C_n \end{bmatrix} = K_1 \begin{bmatrix} I_{11} \\ I_{12} \\ I_{13} \\ \vdots \\ I_{1n-1} \\ I_{1n} \end{bmatrix} + K_2 \begin{bmatrix} I_{21} \\ I_{22} \\ I_{23} \\ \vdots \\ I_{2n-1} \\ I_{2n} \end{bmatrix} + \cdots + K_m \begin{bmatrix} I_{m1} \\ I_{m2} \\ I_{m3} \\ \vdots \\ I_{mn-1} \\ I_{mn} \end{bmatrix} \quad (m \leqslant n)$$

$$(5-38)$$

式中: $C_j(j=1,\cdots,n)$ 表示第 j 个样品中某元素 e 的含量; $I_{ij}(i=1,\cdots,m,j=1,\cdots,n)$ 表示在第 j 个样品中,对某元素 e 的 X 荧光计数有贡献的第 i 号元素的计数。$K_i(i=1,\cdots,m)$ 为待求未知系数。

采用多元回归计算出相应的系数。例如,在标定 Ca 的工作曲线时,常常要考虑样品中 Fe 元素的特征 X 射线对 Ca 特征 X 射线的贡献,因此 Ca 的含量的计算公式表示为:

$$C_{Ca} = K_1 I_{Ca} + K_2 I_{Fe} + C \quad (5-39)$$

式中: C_{Ca} 为 Ca 的含量; K_1, K_2 为系数; C 为常量; I_{Ca}, I_{Fe} 分别为 Ca、

Fe 的特征 X 射线的计数率。

（三）X 射线荧光分析检出限

1. X 射线荧光分析的检出限

X 射线荧光分析的检出限是指在一定置信度下，可检出的某种元素的最低含量（D_L），其定义为：

$$D_L = K \cdot S_B / M \tag{5-40}$$

式中：S_B 为本底的标准偏差。

K 为与置信度有关的常数，通常取为 3，其意义是，当分析元素的含量接近检出限时，特征谱线的照射量率接近本底，因而谱峰计数的标准偏差（S_p）与本底计数的标准偏差（S_B）接近相等，即 $S_P \approx S_B \approx \sqrt{N_P} \approx \sqrt{N_B}$。根据方差相加定律，$S = \sqrt{S_P^2 + S_B^2} = \sqrt{N_P + N_B} = \sqrt{2} S_B$ 谱线和本底记数的总偏差。为方便起见，以采用 $3S_B$ 为宜，此时置信度为 99.7%。

M 为灵敏度。根据国际化学联合会 1976 年的规定，灵敏度的定义为工作曲线的斜率，即单位含量的待测元素在一定时间内产生且被仪器记录到的计数。

2. 改善检出限的方法

由检出限的基本公式可以看出，改善检出限的方法有：

(1) 提高激发射线的照射量率 I_0。当照射量率很高时，应注意测量系统的抗计数率过载性能。

(2) 提高测量系统的探测效率 P。

(3) 延长测量时间 T。

(4) 在系统的探测效率 P 和测量时间 T 已限定的情况下，提高激发射线的照射量率最为有效。

(5) 选择合适的激发射线能量。在样品和待测元素已定的情况下，μ_k 为常数，而 μ_0、$\mu_{0\tau}$ 和 $\mu_{0\sigma}$ 与激发 E_x 射线能量有关，当射线的能量大于待测元素的某一系的吸收限时，μ_0、$\mu_{0\tau}$ 随 E_x 的变化规律相同，即

$$\mu_0, \mu_{0\tau} \propto E_x^{-3.5} \tag{5-41}$$

同时，在激发射线为单色时，$\mu_{0\sigma}$ 由非相干散射构成，则

$$\mu_{0\sigma} \propto I + AE_x + BE_x^2 \tag{5-42}$$

故 $\mu_{0\sigma}/\mu_{0\tau} \propto E_x^{3.5} + AE_x^{4.5} + BE_x^{5.5}$，其中，$A$、$B$ 为常数。

因此，选择合适的激发射线的能量，使其稍大于吸收限，可获得最佳的测量检出限。要尽可能地选用 K 系谱线进行测量，对于某一种特定的元素，各线系的荧光产额 ω_k，ω_L 和 ω_M 有如下的关系：

$$\omega_k > \omega_L > \omega_M \tag{5-43}$$

同一线系各谱线分支比关系：

$$g_\alpha > g_\beta > g_\gamma \tag{5-44}$$

因此，选用 K 系的 K_α 和 K_β 谱线测量，能获得好的检出限。

使用单色射线激发，对改善检出限有利。若使用复杂谱射线激发，如射线管激发源的初级 X 射线，则待测元素的 X 射线荧光能量与激发射线能量部分重叠。于是，散射由相干散射和非相干散射构成，并且相干散射截面远大于非相干散射，这将使散射本底提高，检出限变差。但需要注意，单色射线激发对多元素测量是不利的。

第六章　其他荧光分析法及其应用

第一节　同步荧光分析法及其应用

一、恒波长同步荧光分析法

恒波长同步荧光分析法要求在光谱扫描过程中保持 $\Delta\lambda = \lambda_{em} - \lambda_{ex} =$ 常数,因此 λ_{em} 裁 λ_{ex} 的函数:

$$I_{sf}(\lambda_{ex}, \lambda_{em}) = kcb\, Ex(\lambda_{em} - \Delta\lambda)\, Em(\lambda_{em}) \tag{6-1}$$

$$I_{sf}(\lambda_{ex}, \lambda_{em}) = kcb\, Ex(\lambda_{ex})\, Em(\lambda_{ex} + \Delta\lambda) \tag{6-2}$$

由式(6-1)和式(6-2)可以看出,同步荧光光谱既可视为同步扫描激发波长时的发射光谱,亦可看成同步扫描发射波长时的激发光谱。同步荧光光谱的波长轴既可以用激发波长表示,也可以用发射波长表示。

不难理解,同步荧光光谱显然与激发光谱及发射光谱都有关系,它同时利用了化合物的吸收特性和发射特性,使选择性得到改善。由于 $Ex(\lambda_{ex})$ 和 $Em(\lambda_{em})$ 是分别以短波区域和长波区域为极限的函数且又几乎镜像对称,因而使获得的同步光谱简化,且谱带宽度变小。

在同步扫描过程中, $\Delta\lambda$ 值的选择十分重要,这直接影响到同步荧光光谱的形状、带宽和信号强度。 $\Delta\lambda$ 值与同步荧光光谱的关系可以从理论上做预测,但 $\Delta\lambda$ 值的最终选择还是要在实际应用中通过实验确认。在可能的条件下,选择等于斯托克斯位移的 $\Delta\lambda$ 值是有利的,这时将会获得同步荧光信号最强、半峰宽度最小的单峰同步荧光光谱。

荧光测定中所使用的溶剂都有瑞利散射和拉曼散射,这些散射的存在限制了荧光分析灵敏度的提高。瑞利散射光的波长等于激发光的波长,而拉曼光虽没有一定的波长,但它的发射频率和激发光的频率有一定的差值 Δv_R。选择较小的 $\Delta\lambda$ 值,通常有利于减小光谱带宽。不过若 $\Delta\lambda$ 值很小,则仪器的狭缝宽度也应相应减小,才不致增大散射光的干扰而降低光谱分辨率。然而,减小狭缝宽度又会减小光通量而降低灵敏度,因而必须两者兼顾。为减小散射光的干扰,选择 $\Delta\lambda$ 与狭缝宽度 l 的大致原则为:当测定只受瑞利散射干扰时,选择 $\Delta\lambda = \lambda_a - \lambda_e$($\lambda_a$ 与 λ_e 分别代表测定波长与激发峰波长),$l \leqslant \Delta\lambda/2$;当测定同时受瑞利散射和拉曼散射的干扰时,视具体情况可选择 $\Delta\lambda \leqslant \lambda_a - \lambda_e$,$l \leqslant \Delta\lambda/2$ 或 $\Delta\lambda \geqslant \lambda_a - \lambda_e$,$l \leqslant 1/2[\Delta\lambda - (\lambda_R - \lambda_e)]$($\lambda_R$ 代表拉曼散射光的波长)。

恒波长同步荧光法可有效克服瑞利散射的影响,只要 $\Delta\lambda$ 值的选择不太小,即光谱扫描过程中发射波长和激发波长维持足够的间隔,就可完全避开瑞利散射的影响。对于拉曼散射则无法根本解决,但若选择合适的 $\Delta\lambda$ 值,还是可以降低拉曼散射的影响。可根据式(6-3)计算拉曼散射峰出现在同步光谱中的位置 λ_{ex}^R:

$$\lambda_{ex}^R = \sqrt{\Delta\lambda^2/4 + 10^7 \Delta\lambda/\Delta v_R} - \Delta\lambda/2 \tag{6-3}$$

在 $\Delta\lambda$ 值很小或很大时,拉曼散射对恒波长同步荧光测定的影响小;对拉曼跃迁能大的溶剂,其拉曼散射干扰比跃迁能小的溶剂在更大的 $\Delta\lambda$ 范围内存在;改变 $\Delta\lambda$ 值可使同步拉曼峰与同步荧光峰错开,从而减少溶剂拉曼光对分析体系的影响;这种通过改变 $\Delta\lambda$ 值减少拉曼干扰的方法在值较小时更为有效,因这时 $\Delta\lambda$ 的微小变动便会引起同步拉曼峰位置的明显变化。

同步荧光光谱特性可用谱峰峰值位置 $\lambda_{iso?}$(或 $\lambda_{jso?}$)、相对强度 I_{so} 和半峰宽 W_s 3 个主要参数来表征,理论上推测它们与对应的荧光激发光谱、发射光谱及扫描参数的关系,有助于对同步荧光法特点的充分认识和对分析体系扫描参数的优化。先后有研究者根据不同的假设条件,提出了一些计算式。基于荧光激发光谱和发射光谱对波长呈高斯分布的设定,可推导出同步荧光光谱的 3 个光谱参数的理论计算式,并且在推导过程中无须做省略或近似处理,所得计算式如下:

$$\lambda_{iso} = [W_i^2(\lambda_{jo} - \Delta\lambda) + W_j^2 + \lambda_{io}]/(W_i^2 + W_j^2) \tag{6-4}$$

$$I_{so} = \exp[-(4\ln2)(\lambda_{jo} - \lambda_{io} - \Delta\lambda)^2]/(W_i^2 + W_j^2) \tag{6-5}$$

$$W_s = W_i W_j/(W_i^2 + W_j^2)^{1/2} \tag{6-6}$$

式中:下角 i 为激发光谱,j 为发射光谱,S 为同步荧光光谱,λ_{io} 和 λ_{jo}

分别为激发峰和发射峰峰位，W 为谱带半峰宽度，I_{so} 为相对同步荧光强度。

二、恒能量同步荧光分析法

与恒波长同步荧光法相比，该法以能量关系代替波长关系，在激发波长和发射波长的同步扫描过程中，保持二者之间恒定的能量差（波数差）关系：

$$(1/\lambda_{ex} - 1/\lambda_{em}) \times 10^7 = \Delta\nu = 常数 \tag{6-7}$$

式中：λ_{ex} 和 λ_{em} 单位为 nm，$\Delta\nu$ 单位为 cm^{-1}。

恒能量同步荧光法以荧光体的量子振动跃迁的特征能量为依据而进行同步扫描。若选择一能量差 $\Delta\nu$ 值等于某一振动能量差，则在同步扫描中，当激发能量和发射能量刚好匹配一特定吸收发射跃迁条件时，该跃迁处于最佳条件，由此产生的同步光谱峰可达最大强度。

恒能量同步荧光法使常规荧光光谱与理论预测的荧光体能级跃迁联系起来，使所得到的同步荧光光谱谱带宽度变窄。只要选择合适的 $\Delta\nu$ 就能产生极为简单的单峰到类似于常规荧光光谱的多峰。

这种方法对于多环芳烃的鉴别和测定特别有利。在室温或低温条件下，多环芳烃的振动谱带间隔约为 $1400 \sim 1600cm^{-1}$，在正烷烃的溶剂中振动谱带的准确位置虽然可能随溶剂改变而发生位移，但其相对间隔却基本上保持不变。多环芳烃振动谱带的间隔 $1400cm^{-1}$，对蒽来说相当于 20nm 的波长差，而对芘则相当于 30nm，这样，对于这两者的混合溶液，采用恒波长同步扫描时，需要选择两个值作两次测量，才能获得与一次恒能量同步扫描同样的光谱特征。由于所选择的 $\Delta\nu$ 是一类化合物而不仅仅是某个组分的特征，而且与光谱区域无关，因而便有可能只选择一个 $\Delta\nu$ 值用于整个光谱的扫描。这样，若要得到最大光谱分辨和免受杂散光干扰，整个恒能量同步荧光光谱扫描过程可只用一个 $\Delta\nu$，而在恒波长同步荧光光谱中则需几个 $\Delta\nu$ 分别扫描。

由于在室温和低温情况下多环芳烃的振动谱带间隔基本相同，因而固定能量同步扫描可与低温技术配合以获取更多的光谱特征，从而作为一种更有效的"筛选型"分析手段。

恒能量同步荧光光谱测定法除了具有恒波长同步法的一般优点外，还具有另一个显著的优点,即能从根本上解决拉曼散射的干扰问题。这是其他同步法所不能达到的。

拉曼光没有固定的波长位置,但它的发射频率和激发光的频率有一定的差值,这相当于该溶剂分子的一个振动量子。所有具有 CH 或 OH 基团的溶剂都具有大致为 $3000cm^{-1}$ 位移的拉曼跃迁能量 $\Delta\nu_R$。

扫描恒能量同步荧光法光谱时,维持固定的是激发和发射能量差值 $\Delta\nu$,而溶剂的拉曼跃迁能量亦是一固定的值 $\Delta\nu_R$,因此只要在光谱扫描过程中,使 $\Delta\nu$ 与 $\Delta\nu_R$ 之间始终保持一定差值,就完全可以消除拉曼光的干扰。事实上这和恒波长同步荧光法消除瑞利散射干扰的道理是一样的。

尽管如上所述,恒能量同步荧光法可有效克服拉曼散射,但也有个限制,即 $\Delta\nu$ 不能选择靠近 $\Delta\nu_R$。然而对于某些荧光化合物,$\Delta\nu$ 恰好要选择在溶剂的 $\Delta\nu_R$ 附近才有较好的分辨率和较大的峰强度,这时可配合导数技术,利用它选择性放大窄带的灵敏度而抑制宽带的特性,从而突破恒能量同步荧光法的局限。

恒能量同步荧光法的理论比恒波长同步荧光法简单,可得到较为精确的光谱峰值位置、强度、半峰宽度的计算式。恒能量同步荧光峰半峰宽度取决于激发和发射光谱特性,由理论上分析,其值总比激发或发射峰的半峰宽窄。若激发、发射峰两者带宽相近,则同步峰窄化为原来的 $1/\sqrt{2}$;若两峰带宽差别很大,则同步峰接近窄者。

三、可变角(或可变波长)同步荧光分析法

为了便于理解这种同步扫描技术,这里先提到一种表示荧光强度与激发和发射波长的关系的总发光光谱(图 6-1 用等高线图表示)。

在图 6-1 中,每条等高线上的各个点,具有相等的荧光强度。该等高线光谱示意图的垂直剖面(即固定激发波长)相当于发射光谱,而其水平剖面(即固定发射波长)则相当于激发光谱。若激发波长轴和发射波长轴单位表示一样,则沿着图中的直线以 45° 穿过等高线光谱的剖面,就相当于恒波长同步扫描所获得的同步光谱。

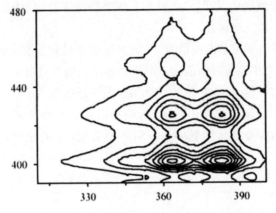

图 6-1　苯并[a]芘的荧光等高线光谱示意图

采用恒波长同步扫描,选择性的提高受到一定限制。如在图 6-2 所示的情况下,待测组分的等高线光谱与两个干扰组分的光谱严重重叠,这时无论选用什么样的 $\Delta\lambda$ 值进行恒波长同步扫描,都会受到其中某个干扰组分的影响。但是,如果采用可变角同步扫描,即如穿过图 6-2 中那条直线(非45°剖线)所表示的那样,仍然可以获得良好的选择性。

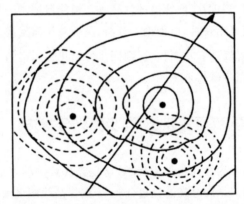

图 6-2　用可变角同步扫描荧光法研究三种荧光团的混合物
(连续等高线代表待分析的物质;非连续的等高线代表干扰组分)

有研究人员提出了非线性的可变角同步扫描新技术,即可以沿着穿过等高线光谱图的某条曲线进行同时扫描,换句话说,两个单色器在同时扫描过程中,它们的扫描速率并不维持某一特定的比率,这样可以避免散射光的影响,从而进一步改善光谱重叠体系的分辨率,减少光谱扫描次数。应用非线性可变角同步荧光法,最重要的一点是测定前选好测定扫描路径,而选择好最适宜的扫描路径是为了获得最好的非线性可变角同步荧光光谱,即达到最高的荧光信号、最小的干扰。一般而言,对几个组分的混合物,选择扫描路径,可分为两步:第一步是获取各物质的检测点(λ_{ex}、λ_{em}),即获取那些对某一物质具有最大的信号值及最小的干扰的点。又因为非线性可变角同步扫描可以看作几个或许多个线性可变角同步扫描的组合,所以,第二步是再选择一些点,以便与那些测定点一起,连成一条完整的测定路径。

四、分析应用

同步荧光分析法是提高分析选择性、解决多组分荧光物质同时测定的良好手段之一。最早发展起来的恒波长同步荧光法在一般的荧光分光光度计上均可方便实现,其已在环境、医药、卫生和生物等领域获得广泛的应用,而新近发展的各种新型同步荧光方法正显示出独特的作用,越来越得到人们的重视。

(一)环境分析

同步荧光检测技术已成为环境污染监测中多环芳烃的定性和定量分析的有效手段。采用 $\Delta\lambda = 3nm$ 恒波长同步扫描,能够对包含蒽、苯并[b]芴、苯并[a]芘、苯并[e]芘、䓛、二苯并[a,h]蒽、硫芴、荧蒽、芴、菲、芘、苊和丁省13种主要的痕量多环芳烃分别进行鉴别。恒波长同步荧光测定法应用于空气气溶胶的分析,可鉴别出多种多环芳烃。恒能量同步荧光法在分析大部分多环芳烃时,有其明显的优越性,亦已用于汽车发动机尾气、空气样品、环境水样中多环芳烃的光谱指纹鉴别和定量分析。恒能量同步荧光法结合导数技术,可有效提高多环芳烃的光谱分辨率和分析灵敏度,已用于分析蒽、苯并[a]蒽、苯并[a]芘、苯并[b]荧蒽等18种多环芳烃。低温恒能量同步荧光法使光谱准线性化,用于对多环芳烃同分异构体和芳烃同系物进行光谱分辨,取得了满意的结果。多环芳烃的同步荧光分析既可在有机介质中进行,也可在胶束体系中进行,后者可减少不同多环芳烃之间的能量传递。许多多环芳烃的降解产物也能用同步荧光法来分析,这些降解产物可作为多环芳烃暴露的生物标志物。尿中1-羟基花是反映人体接触环境多环芳烃程度的一个灵敏而实用的指标,但尿样本体荧光对1-羟基芘的检测有相当大的干扰,采用恒基体同步荧光法可克服其影响,不经分离直接分析。用恒波长同步荧光法可检测鱼胆汁中的 1-羟基花及测定花的生物降解率。

除多环芳烃分析外,同步荧光技术在其他环境分析方面也有诸多报道。原油污染的检测和表征,对海洋、土壤环境保护特别重要。研究表明,同步荧光技术很有希望成为海洋、土壤中鉴别油漏的诊断工具。另外,同步荧光法在许多环境污染物如 1-萘酚、2-萘酚、苯酚、苯胺、对苯二酚、间苯二酚等以及它们的混合物分析中都显示出良好的效果,简便快速。与常规荧光分析法相比,同步荧光法可明显且更有效地区分河水中的富里酸和腐殖酸。

(二)药物、临床和生化分析

药物分析和临床分析中经常会遇到如各种药剂成分之间相互干扰或血清、尿样背景干扰等问题,同步荧光法可有效消除或降低这些干扰的影响。利用导数同步荧光光谱法可直接测定尿样中的洛美沙星、痕量氧氟沙星、三种 B 族维生素、尿液中的肾上腺素和去甲肾上腺素、人体血清中的甲氧萘丙酸和水杨酸、血浆中的毒品及其代谢产物等。乙氧萘胺青霉素和 2,6-二甲氧基苯青霉素荧光光谱相似,但用恒波长同步扫描技术结合最小二乘法、一阶导数恒波长或一阶导数恒能量荧光法测定,均可实现同时分析,其中导数恒能量同步荧光法效果最好。利用非线性可变角和导数可变角同步荧光法可同时测定混合溶液中的吡哆醛、吡哆胺、维生素 B_6 以及分析血浆、尿样中的水杨酰胺等。恒基体同步荧光法不仅能有效地消除复杂体系中背景荧光的干扰,实现生物基体中各组分的直接测定,对荧光光谱重叠的二组分的同时测定也非常有用。恒基体同步荧光法已被用来测定血清中的水杨酸、尿样中的各种组分如水杨酸、2,5-二羟基苯甲酸、维生素 B_6 以及奎尼定、粪样中的原卟啉和粪卟啉等。

同步荧光法已用于研究蛋白质与各种物质的相互作用,国内尤其在这方面做了相当多的工作。如用同步荧光光谱法可明确分辨脱铁运铁蛋白的酪氨酸和色氨酸羰基的荧光(采用不同波长差 $\Delta\lambda=15nm$,$\Delta\lambda=70nm$),当用于考察铽(Ⅲ)在脱铁运铁蛋白上的结合时,由所得铽(Ⅲ)对脱铁运铁蛋白酪氨酸和色氨酸羰基荧光淬灭的相对程度,就可得知铽(Ⅲ)的强结合部位包含酪氨酸羰基。利用各种不同荧光探针技术(如量子点、卟啉等),结合同步荧光法,可定量分析蛋白质和核酸。同步荧光技术还可应用于不同基因的分型、正常细胞与肿瘤细胞的区分等,如以不同荧光染料分别标记野生型基因和突变型基因双链探针,利用同步荧光光谱,减少标记染料的光谱重叠,对 PCR 反应产物进行终点检测,可建立一种廉价、快速的筛查遗传性血色病基因突变的方法。

(三)化工分析

可以用同步荧光光谱来表征不同物品来源,进行指纹识别。食用油中含有各种荧光成分,利用恒波长同步荧光光谱,可对不同食用油进行分类。不同来源的轮胎由于加工制作和磨损情况不同,轮胎胎面所包含的填充剂、加工处理油、抗氧剂和多环芳烃等组分会有所改变,导致其光谱也发生变化,由此利用同步荧光光谱就可区分不同种类的轮胎。恒能量同步荧光分析法也已用于分析褐煤高温分解所得焦油的芳烃结构特征。

同步荧光光谱技术在油气勘探和石油产品分析中已显示出良好的应用前景。原油中的荧光主要来自其芳香烃成分,这些成分极其复杂,是由一系列烷基芳烃、环烷芳烃及杂环芳烃组成的混合物,同步荧光光谱不可能把所有的化合物区分开,但可以根据已知结构芳香化合物的特征峰位对芳烃的环数进行分类。同步荧光法测定原油样品中的芳烃,可以判断原油的属性和成因类型,以及原油成熟的程度。分析石油、天然气及与石油有关的样品如钻井岩屑、土壤和油田水样的恒波长同步荧光光谱和恒能量同步荧光光谱,对不同性质油气的荧光光谱特征进行归类,找出油气的典型光谱特征,可为选取油气勘探靶区提供有效的依据。对 18 种原油成熟度分析的结果表明,同步荧光光谱可提供丰富的信息。

有关石油产品分析,同步荧光光谱法已成功地用于鉴别各种石油产品如柴油、汽油、煤油和润滑油等。同步荧光峰峰位置随着马达油浓度的增加而发生红移,借此可在一定浓度范围内定量马达油的含量。在亚洲南部,柴油和汽油被煤油污染是一个严重问题,随着煤油含量的增加,柴油同步荧光光谱呈有规律蓝移,而汽油同步荧光光谱呈有规律红移,因此同步荧光法可用于定量考察煤油污染程度。对石油产品中的芳香烃进行选择性淬灭,利用同步荧光光谱可清楚地解释淬灭剂对荧光团的影响情况。对各种不同减压渣油进行恒波长同步扫描,所得同步荧光光谱能较好地反映出各极性和芳香度不同的组分的芳香环系大小。恒能量同步荧光法结合低温技术被用于指纹识别石油产品呈现出比常温条件下更强的分辨力。

第二节　低温荧光分析法及其应用

一、概述

　　一般荧光分析法都是在室温下进行的,荧光光谱为带光谱,谱带由于各种变宽因素往往较宽。自然界有许多有机化合物,其化学结构颇为接近,而且各存在着多种同分异构体和衍生物,它们的光谱往往互相重叠,难于鉴别表征及定量测定,虽然室温下已有各种窄化谱带和提高光谱选择性的方法,但从方法原理上仍属于利用带光谱的范畴。

　　低温荧光分析法基本可分为四种类型:①冷冻溶液 Shpol'skii 荧光法(斯波斯基荧光法);②蒸气相基体隔离荧光法;③基体隔离 Shpol'skii 荧光法;④有机玻璃中荧光窄线法。其中冷冻溶液 Shpol'skii 荧光法和荧光窄线光谱法应用最为广泛,但后者需要激光光源。低温荧光法与室温荧光法相比,由于光谱带宽急剧窄化,在选择性上可以说是根本性的突破,不足之处在于因需要低温设备,比起室温法颇多不便,且在应用中由于需将单色仪狭缝带宽降低,因此实际灵敏度往往较低。

二、冷冻溶液 Shpol'skii 法

(一)溶剂匹配

　　Shpol'skii 光谱技术是基于溶质和溶剂匹配程度的一种技术。为了获得较理想的 Shpol'skii 光谱,溶质分子的大小必须与溶剂分子相近,因为这样才能使溶质分子嵌入溶剂的晶格内。通常选用的一种烷烃溶剂只能使某种特定的溶质分子产生非常窄的谱带,这是在几种正烷烃多晶实验中发现的"钥匙和锁"的关系,但是没有发现过完全专一的溶剂。只要所用的浓度和冷冻速率是准确的,那么获得溶质分子的准线性 Shpol'skii 光谱并不困难。虽然在四氢呋喃溶液中也能观察到光谱图,但分子大小合适的正烷烃仍是最常用的溶剂。

(二)选择检测和位置选择激发

复杂混合物因组分很多,因此所得到的 Shpol'skii 荧光光谱谱线过多,所以不易被识别。如需要对混合物中某些组分进行鉴别或定量测定时,可采用选择检测的办法,即将激发波长选择在待测组分的吸收原点附近,而在所选定的波长处其他组分并不吸收,这样可以只使待测组分发生荧光而其他组分不发生荧光。

在溶质-溶剂体系的晶体中有多重位置,而各个位置给出的光谱有些位移。一般观察到的 Shpol'skii 荧光光谱是多重位置的综合光谱,谱线太多。为了更好地对复杂混合物进行检测,可以采用"位置选择激发",使所得到的荧光光谱只是来自该化合物占据晶体中同一位置的分子,这样谱线数目就可以大为减少。无论选择检测或位置选择激发,都需要用宽度狭小的激光。事实上,取得高分辨 Shpol'skii 荧光光谱的限制因素并不是溶质分子的吸收带宽度,而是激发光的单色性。因此,为了取得 Shpol'skii 效应完满的分析效果,通常采用可调谐染料激光器作为激发光源。

作为昂贵激光激发技术的补充,同步荧光光谱与低温 Shpol'skii 法的联用也能够提供一种简化谱线、缩小光谱范围的方法口。

三、其他低温荧光法

(一)蒸气相基体隔离荧光法

蒸气相基体隔离荧光法是把液体或固体样品气化,与大量($10^4 \sim 10^8$倍,以摩尔计算)稀释气体混合,把混合物沉积在冷冻的光学窗上,以供荧光分析之用。氮和氩是适宜的稀释气体,因它们是化学上不活泼的,在测量的波长范围内不吸收。在固体氮或氩的基体中,全部样品分子都以基体分子作为近邻,它们与基体的相互作用很微弱,因而对光谱的干扰作用可降至最小。许多有机化合物在 n-链烷中的溶解度小,采用蒸气相基体荧光法可以克服这个困难。

低温荧光法得到的是准线性荧光光谱,对于待测物的指纹识别很有用处。一方面,用冷冻溶液 Shpol'skii 荧光法可以比基体隔离荧光法得到更好的分辨,这是由于样品分子和氮或氩分子尺寸匹配不好的缘故。另一方面,冷冻溶液 Shpol'skii 荧光法在定量分析中得到的线性工作范围和精密度比不上基体隔离荧光法,这可能是当液体溶液冷冻时溶质分子发生聚集,甚至形成溶质微晶的缘故。基体隔离法因能抑制撞击、能量转移和淬灭等现象从而得到高精密度和良好的线性关系,溶质浓度范围可高达 5～6 个数量级。

(二)基体隔离 Shpol'skii 荧光法

冷冻溶液 Shpol'skii 荧光法和蒸气相基体隔离荧光法各有其优缺点,如果能把前者的高光谱分辨特性和后者的宽线性动态范围特性结合起来,则将具有高度的吸引力。基体隔离 Shpol'skii 荧光法就是用基体隔离法把样品隔离在蒸气沉积的链烷基体中,而在测量荧光光谱之前进行短时间的"退火",这样获得的光谱半峰宽远比样品在氮或氩基体中获得的峰宽小。

蒸气相基体隔离荧光法和基体隔离 Shpol'skii 荧光都具有较广的线性范围,如采用内标法或标准加入法,可用于样品的定量分析。从某些分析结果看来,在氮基体中以氙灯激发而在链烷基体中以激光激发为宜。

(三)荧光窄线法

在低温(4K)下用宽度约为 $1～2cm^{-1}$ 的狭窄激光线激发在有机玻璃体中的多环芳烃,也可以得到锐线的荧光光谱,这种方法称为荧光窄线法。溶液中的分子和晶体中的杂质中心相似,分子每一振动跃迁必将导致一个光谱带,它包含着一个狭窄的零声子线和一个宽广的声子翼(声子为晶体点阵振动能的量子)。零声子线积分强度(I_{zpl})与声子翼积分强度(I_{pw})的关系如下式所示:

$$\alpha = I_{zpl}/(I_{zpl} + I_{pw}) = \exp[-2M(T)] \tag{6-8}$$

式中:α 称为 Debye-Waller 因素。$2M$ 的值与分子和溶剂的电子-声子耦合的强度、溶剂的声子谱的特性以及温度 T 等有关。电子-声子耦合越弱,温度越低,零声子线强度越大。但在许多情况下,虽然是弱的电子-声子耦合和低的温度,但是光谱中并没有出现零声子线,而只呈现一个宽广的谱带。这种不均匀的变宽作用,可能是由于强的分子内部或分子间的相互作用。宽广的光子翼否定了荧光窄线法的优点。用位置选择激发,即调节激光波长使其仅仅激发那些在这个波长具有零声子线吸收(即 $S_1 \rightarrow S_0$ 跃迁)的分子,而不激发其他分子,就可以删除不均匀变宽作用而得出窄线光谱。

窄线是决定于溶质分子的振动能级,而与溶剂无关。声子翼则是由于溶质分子和基体声子的相互作用而形成的。

　　荧光窄线光谱的发生有两个主要条件:一是上述的激发波长和溶质分子的纯电子跃迁的配合;二是温度必须足够低。温度升高将引起零声子线减弱,当温度升高至 $40\sim50\mathrm{K}$ 时,零声子线基本上消失。

　　选用有机玻璃作为基体的原因是它们具有优良的光学性质,能够把激光散射减至最小,行为良好的玻璃是极性化合物和非极性化合物的优良溶剂。对于多环芳烃的检测,以 $1:1$ 甘油:水体系最为理想。这种体系因含有大量的水,可以用于水样品如污染水样的直接检测。

　　有机玻璃荧光窄线法选择性很好,但灵敏度低于激光激发 Shpol'skii 荧光法。该法可使用的基体较多,它不要求溶质分子与溶剂分子之间一定要匹配,其应用比 Shpol'skii 法更灵活。在实际操作中,溶剂的选择更自由;甚至可把样品沉积在薄层色谱板上,这也因此促使液相色谱技术与荧光窄线法相结合。

四、仪器设备

　　冷冻溶液 Shpol'skii 荧光法一般采用通常的荧光分光光度计,配上低温装置如装液氮的杜瓦瓶,或将装上样品溶液的熔融石英管接在闭路循环冷冻机的冷指上,采用氙弧灯作为光源。

　　低温荧光检测系统中最重要的要数低温发生装置。近年来各种低温发生装置相继出现,其中尤以光纤的应用为多。俄国 Lumex 公司提出的一种低温发生装置,样品池置于样品轮上,可同时放置 12 份样品,由光纤探头收集低温荧光信号,经单色仪分光后,送到检测器进行信号转换和记录。

　　两种氮制冷装置:浸没式和闭路循环式。前者将样品浸没在液氮中,这样需要消耗比较多昂贵的液氮;后者样品附到与低温介质接触的冷指上,装置本身价格昂贵,且必须在真空下工作。

　　采用宽带激发几乎没有位置选择效应,可得到样品的全部荧光谱线,允许同时观测一系列异构体。但如果要进行选择检测或位置选择激发,就必须采用可调谐染料激光器作为激发光源。

　　蒸气相基体隔离荧光法除恒低温器的顶部特殊设计供基体隔离之外,其他仪器设备和冷冻溶液 Shpol'skii 荧光法所用的一样。一个小玻璃管的一端接在真空接头上,另一端是喷嘴。玻璃管外边绕上加热丝,温度由自动变压器控制。样品可置于小玻璃管内,由稀释气体把样品蒸气带入恒低温器顶部,或者在恒低温器顶部内与样品混合。所用的是闭路循环恒低温器,温度一般保持在 11～15K。样品沉积的表面必须具有高热导率和适宜的光学性质,对于紫外-可见光测量一般采用蓝宝石,对于红外光则采用碘化铯。

在基体隔离 Shpol'skii 荧光法中,用泻流真空升华设备把样品沉积在镀金的铜表面上,固定在闭路循环氦低恒温器的顶部,保持在 15K。采用汞-氙灯或氮激光器泵送的染料激光器作为光源进行激发。

在有机玻璃荧光窄线法中,用气离子激光器、氮离子激光器或氮激光器泵送的染料激光器作为激发光源。样品置于配有石英光学窗口的双套层玻璃液氮杜瓦瓶中。其他设备和以往介绍的以激光器为光源的荧光设备一样。

如果需用短波长的激光进行激发,则可采用适当的非线性晶体和染料激光器耦合,发生二次谐波使输出频率加倍。如用相干的氧离子激光器的 514.5nm 输出泵送装着罗丹明 6G 的染料激光器。激光聚焦于 45°Z-切非线性的二氢砷酸晶体,可以提供频率加倍的光,波长从 293.5～310.0nm 可调。

五、方法应用

(一)基体隔离 Shpol'skii 荧光法测定炼焦厂分憎水液中苯并[a]芘和苯并[a]蒽

样品用正庚烷稀释,并加入内标标准液,用泻流真空升华设备将其沉淀在镀金的铜表面上,固定在闭路循环氦低恒温器的顶部,保持在 15K。在沉积完成之后,在 145K 退火 5min,然后再降至 15K 进行检测。检测时采用氮激光器泵送的染料激光器作为激发光源,用光电倍增管检测。

用苊作为苯并[a]芘的内标,苯并[b]芴为苯并[a]蒽的内标。苯并[a]芘和苯并[a]蒽的激发波长分别为 389.2 和 292nm。对样品稀释液和标准溶液进行测定,分别在 403.0、383.5、340.3 和 445.2nm 测定苯并[a]芘、苯并[a]蒽、苯并[b]芴和苊的荧光强度。由测定数据和校正曲线求出样品中苯并[a]花和苯并[a]蒽的含量。

(二)荧光窄线法用于脱氧核糖核酸(DNA)加合物的分析

荧光窄线法曾用于混合物中多环芳烃的代谢物及其五种 DNA 加合物的鉴别,采用门控的增强二极管阵列和光学多道分析器作为检测装置,以抑制激光散射和不同寿命的荧光杂质的干扰。使用两种脉冲激发光源,一种是钇-铝榴石激光器泵送的倍频染料激光器,提供 $335\sim360nm$ 激发光;另一种是氮激光器泵送的染料激光器,提供 $360\sim390nm$ 激发光。样品经过制备和在甘油-水-乙醇混合物中在低温 4.2K 制成有机玻璃体后,在适当激发波长(A. 343.1nm 激发;B. 369nm 激发)进行(0,0)激发或者进行(1,0)振动带激发以减少激光散射的干扰。

第三节 动力学荧光分析法及其应用

一、方法原理

由于化学反应的速率与反应物的浓度有关,在某些情况下还与催化剂(有时还包括活化剂、阻化剂或解阻剂)的浓度有关,因而,可以通过测量反应的速率以确定待测物的含量,这正是动力学分析法定量测定的依据,所以该法也称为反应速率法。

在动力学分析法中,可以采用光度法、电位法或荧光法等各种手段来监测反应的速率。1954 年,Theorell 等首先应用荧光法以监测反应速率,这种方法则称为动力学荧光分析法或荧光速率法。

(一)动力学分析法的特点

动力学分析法通常利用慢反应,在反应开始之后和到达平衡之前的某一期限内进行测量。由于只观测反应初期的速率,因而可用于某些反应速率慢、平衡常数小或可能发生副反应的化学反应。这类反应,平衡法就难于应用。

动力学测量是一种相对的测量值,只测量反应监测信号的变化。在反应过程中,那些不参与反应的物质或仪器因素,对于反应监测信号值的贡献保持不变,因而并不干扰。其次,某些类似的物质,虽然也能发生反应,但反应速率不同,这样便有可能创造一定的条件,使得在测量期间内只有待测物的动力学贡献才是有意义的。这两种原因,使得动力学分析法有可能比平衡法具有更好的选择性。动力学分析法还具有灵敏度很高、操作比较快速、易于实现自动化和可用来测定密切相关的化合物等优点。

当然,动力学分析法也有它的某些限制。

第一个限制是所使用反应的半衰期应在 5ms～1h。这个下限是决定于装置所能达到的混合时间,如用手工加入试样,半衰期的下限大约为 10s;半衰期的上限则受实际要求的分析时间所限制,而且,如果反应太慢,则反应监测系统的漂移和噪声可能变得实际上可与反应的速率相匹敌。不过,随着动力学分析法研究的发展,快速混合技术如高压停流装置和脉冲加速的停流装置的引入,一些半衰期介于 2～5ms 的快速反应也能在动力学测定中加以应用。

第二个限制是必须严格地控制温度、pH、试剂浓度、离子强度等反应条件和其他可能影响反应速率的因素。这些反应条件对于反应速率的影响比对最终的平衡浓度的影响更大。具有自动、精密地传送样品和试剂溶液的系统,以及良好控温装置的仪器,将有助于提高方法的灵敏度和准确度。

第三个限制是动力学测量的信噪比在本质上要比平衡法小,因为只有反应的一小部分被用于测量。对于动力学分析法,噪声带宽在一定程度上受反应速率所限定,如果使用太小的数值(如电子学的时间常数太大),则来自动力学反应监测器的信号将发生畸变。

虽然动力学分析法特效性好,但是试样基质的干扰问题仍然可能发生。例如,其他组分的存在可能会改变试剂的有效浓度,或者结合一部分分析物质,因而会改变分析反应的速率。基质组分也可能改变信号检测系统对待测物的响应情况。有时对非分析物质的反应速率不可忽视,以致必需测量空白的反应速率并加以补偿。

(二)动力学分析法的类型

动力学分析法主要包括非催化法、催化法和酶催化法。

非催化法是通过测量非催化反应的速率而测定某种反应物(分析物质)的浓度。此法的灵敏度和准确性都不如催化法,不过它常被用于有机物的分析。基于各种相似组分与同一试剂的反应速率的差异,可应用差示动力学分析法进行同时测定。

催化法是以催化反应为基础来测定物质含量的方法。在合适条件下，催化反应的反应速率与催化剂的浓度成正比，因此，可用于测定某些对指示反应有催化作用的痕量物质，也可用于测定某些对催化反应起助催作用或抑制作用的物质。由于测量的对象并非催化剂本身，而是经"化学放大"了的其他物质，因而此法的灵敏度很高，检测限常可达 ng 或 pg 级。

酶催化法则是基于酶催化的反应，这类反应的突出优点是它的特效性和高灵敏度，不仅可用来测定酶的活性，也可用来测定底物、活化剂和抑制剂。在合适条件下，酶催化反应的初始速率与酶浓度（活性）成正比，当底物浓度较低时，初始速率也正比于底物的浓度。同时，酶催化反应的初始速率也与活化剂的浓度成正比，与抑制剂的浓度成反比。

上述三种方法中，催化法尤其是酶催化法更为人们所青睐。不过，这里值得一提的是，酶催化法虽然具有高灵敏度和特效性的优点，但也具有酶的不稳定性、存储期短和价格昂贵的缺点，所以模拟酶的研究一直是人们所进行的工作。

在酶催化动力学分析法中，辣根过氧化物酶（HRP）的应用十分广泛，因而其模拟酶的研究工作持续不断，目前已开发出的模拟酶有金属卟啉化合物、生物小分子（如氯化血红素、羟高铁血红素）、金属酞菁、席夫碱和 [2Te-2S]2TPPS 复合物等。该法的分析原理是利用 HRP 催化 H_2O_2 对底物的氧化反应，较常使用的底物有对羟基苯乙酸、高香草酸、对羟基苯丙酸、酪胺等等，不过这些底物氧化产物的激发波长和发射波长都处于短波范围，导致背景荧光和散射光的干扰较大。新近开发的红区底物 $4,4',4'',4'''$-四氨基铝酞菁，其激发波长为 610nm，发射波长在 678nm，这样就能大大减小背景荧光和散射光的干扰。

一般的动力学分析法所涉及的化学反应，通常是归属于线性动力学范畴。近年来，非线性动力学现象的"振荡化学反应"逐渐引起人们的重视，越来越多的反应体系被开拓和应用于分析测定。由于它们所涉及的检测手段大多是电学方法和分光光度法，因而这里仅仅提及而不加以详细介绍。

（三）反应速率的荧光法监测

为监测反应速率，可以通过各种分析手段以测量某种反应物或反应产物的浓度随时间的变化。假如化学反应的某种反应物或产物是荧光物质，便可利用荧光法来监测反应的速率。例如，在 pH＝3.4 条件下，1,4-二氨基-2,3-二氢蒽醌在 Fe（Ⅲ）或 Tl（Ⅲ）存在下会发生氧化转化反应，产生深绿色荧光产物（$\lambda_{ex}=400\text{nm},\lambda_{em}=470\text{nm}$），可用于 Fe(Ⅲ)或 Tl(Ⅲ)的动力学分析法测定。在反应开始后不久，立即记录其荧光强度(F)-时间(t)曲线。在获得一系列标准溶液所相应的 F-t 曲线后，可通过正切法(斜率法)或固定时间法或固定荧光强度变化法(相当于固定浓度法)以获得校正曲线，从而求出试样中分析物的含量。

正切法系从 F-t 曲线求出初始反应速率 $\tan\alpha=\Delta F/\Delta t$，然后作出 $\tan\alpha$-浓度(c)的校正曲线。由于实际应用的动力学分析法绝大多数为一级或假一级反应，有时为假零级反应，因此 $\tan\alpha$-c 将呈现线性关系。

固定时间法系使反应准确地进行到某一固定的时刻 t，立即测定其荧光强度，然后作出 F-c 校正曲线。为方便操作，也可在反应进行到规定的时间 t，立即采取适当的措施以终止反应，而后加以测定。

固定荧光强度变化法，系测量荧光强度的变化值达到某一规定值所需的时间，相当于测量反应中某一反应物或反应产物的浓度达到某一规定值所需的时间 t，然后作出 1/t-c 的校正曲线。

当然，后两种方法也可在作出 F-t 曲线后再由 F-t 曲线得出相应的校正曲线。

与吸收光度法相比，荧光分析法由于灵敏度较高、选择性较好、动态线性范围较宽，因而用于动力学测量具有某些独特的优点。

由于在动力学分析法中只能测量很小的浓度变化，因而监测方法的灵敏度尤为重要。荧光监测的灵敏度较高，可以改善方法的检测限。检测限越低，就有可能免除预富集的步骤，可以稀释试样溶液以降低干扰离子的浓度，在酶底物的测定时可以稀释底物浓度以保证所测速率与底物浓度之间维持线性关系。此外，稀释溶液还可减小背景吸收的影响。

荧光监测的选择性较好，这是因为在众多的化合物中能发荧光的化合物毕竟比较少，且在监测时有多种参数可供选择。

荧光测定的动态线性范围宽，这在测定分析物浓度变动很大的试样时十分有利。此外，反应速率通常随温度升高而增大，但荧光的量子产率则随温度升高而减小，因而采用荧光监测可以部分地抵消温度波动的影响。

当然，荧光监测也有其独有的某些限制。首先，必须考虑基体中存在的某些荧光淬灭剂以及内滤效应、能量转移和光化学反应等因素所可能造成的影响。其次，荧光监测难以进行绝对测量，而在用吸光光度法监测的临床试验中，却常常可以不进行标准对照试验，这是因为某些分析物如 NADH（烟酰胺腺嘌呤二核苷酸的还原型）的摩尔吸光系数早已准确测定，于是便有可能将在标准条件下所测量的吸光度或吸光度变化值与 NADH 的浓度直接关联起来,从而与底物浓度或酶的活性间接相关联。此外,荧光测定比吸光度测定所需的仪器复杂,价格也较贵。

与平衡态(稳态)荧光测定相比,动力学荧光分析法因为只测量反应初始阶段的速率,所产生荧光体的浓度远远小于反应达到完全时所应产生的浓度,那些会引起荧光信号与荧光体浓度不呈线性关系的效应将显著降低,所以在较高的分析物浓度下仍能获得线性的响应,而且不受散射光和背景荧光的干扰。

二、仪器设备

应用动力学荧光分析法测量 15s 以上的慢反应时,可用一般的荧光分光光度计,必要时配上动力学测量的附件。对于发生在 15s 内的快速反应,一般需和停流装置结合使用。Wilson 和 Ingle 等曾设计一种用于测定荧光反应速率的仪器,该仪器的设计有三个主要特点。第一,用光束分裂器将部分激发光束导向参比检测器 PT,并连续地求出荧光信号与参比信号的比值。这样,可以补偿光源的波动和闪烁噪声,提高信噪比和测量值的再现性。第二,仪器的构造允许使用单色器或滤光片,这样,如果测量受散粒噪声所限制,便可采用滤光片以改善信噪比。第三,采用氙-汞弧灯以代替氙灯,这样,既能获得一种连续光源,又能增强 365nm 辐射线的强度,而该辐射线对于许多荧光体的激发是很合适的。

仪器的操作原理大致如下:荧光辐射经 PMT 和电流-电压转换器的放大和转换后成为电压信号。光电管 PT 用来监测光源的一部分输出,所得到的电流信号经转换为电压信号后作为参比信号,并由除法器给出来自 PMT 的荧光信号与参比信号的比率。直接的或补偿后的荧光信号显示在图纸记录仪上,同时也输入到反应速率计,速率计的输出则显示在打印机上。试样舱分为三个室,即激发室、样品室和发射室。激发室包括透镜、光束分裂器和滤光片座。透镜使激发光聚焦在样品池的中心;光束分裂器将部分激发光导向 PT。发射室包括滤光片座和透镜,以收集并将荧光聚焦到 PMT 的光阴极上或单色器的入口狭缝。样品室包括控温池座和光阱。池座安装在磁搅拌器上面,磁搅拌器驱动池内的小磁棒以使溶液迅速混合;光阱用于收集透射的激发光。

在动力学分析的测量过程中,由于光谱随时间而变,因而,应用一般的荧光分光光度计很难得到产物或中间物的没有畸变的光谱。处于这种情况下，能快速获取荧光光谱的仪器便是非常有用的。采用这样的仪器，还能对宽的光谱区域进行观测，提供对发展动力学分析法有价值的信息。应用光导摄像管或电荷耦合器件阵列检测器(CCD)等光学多通道检测器，可以快速获取荧光光谱的数据。

Bugnon 等提出了一种高压停流光度计，可用于以吸光度和荧光进行检测的快速反应的动力学研究。这种仪器可在 $-40\sim100℃$ 的温度范围和高达 200MPa 的压力条件下工作，并且可以实现吸光度和荧光两种模式的同时测量而不必拆卸部件。这种仪器通过光导很容易与常规压力装置的光学系统联用。由于光不是通过加压的流体，因此该仪器可达到最佳的光学性能和宽的操作波长范围(220~850nm)。由于特殊设计的活塞，该仪器甚至在极端的条件(高压、低温、各种溶剂)下也不泄漏。系统的死时间在 298K 时小于 2ms，并且与压力无关。

随着微全分析系统(μTAS)技术的发展，基于芯片的分析技术也已经引入到动力学荧光分析的领域。例如采用芯片技术的酶分析法以测定蛋白质激酶 A。实验试剂放在芯片的池中，利用电渗作用将试剂传送到通道网路中，在通道中发生酶促反应，蛋白质激酶 A 催化磷酸根基团从 ATP 转移到 Kemptide 的丝氨酸羟基，荧光标记的肽底物与产物在芯片上实现电泳分离，通过监测标记底物的荧光来跟踪反应。

三、方法应用

(一)酶催化法

酶催化法除了用于测定酶的活性，还可利用酶的优良选择性而作为测定底物、活化剂或抑制剂的良好试剂。

1.酶的测定

许多脱氢酶的催化反应需要辅因子 NAD 或 NADP(烟酰胺腺嘌呤二核苷酸磷酸)，而辅因子的还原型 NADH 和 NADPH 能吸收 340nm 波长的光而产生荧光，因而原来许多采用分光光度法监测的方法，可直接改为荧光监测的动力学分析步骤，无须改变体系的化学性质，而检测限在某些情况下却可改善 2～3 个数量。例如,血清中 α-羟基丁酸脱氢酶(α-HBD)和谷丙转氨酶的测定,前者就是基于 α-HBD 对下述反应的催化作用:

$$\text{α-羧基丁酸盐} + \text{NAD} \overset{\text{α-HBD}}{\rightleftharpoons} \text{α-丁酮酸盐} + \text{NADH} \tag{6-9}$$

而 GPT 的测定则应用下列两个反应的结合:

$$\text{L-丙氨酸} + \text{α-酮戊二酸} \overset{\text{GPT}}{\rightleftharpoons} \text{丙酮酸} + \text{L-戊二酸} \tag{6-10}$$

$$\text{丙酮酸} + \text{NADH} + \text{H}^+ \overset{\text{LDH}}{\rightleftharpoons} \text{L-乳酸} + \text{NAD} \tag{6-11}$$

LDH 是 L-乳酸脱氢酶。

酶催化反应中所生成的 NADH,常可与某个指示反应结合以测定某些脱氢酶。例如,NADH 可与不发荧光的刃天青反应生成荧光很强的试卤灵,如果将这个反应与某个能生成 NADH 的酶催化反应相结合,则监测方法的灵敏度比直接监测 NADH 提高 2 倍。H_2O_2 是许多酶催化反应的产物,在过氧化物酶或其模拟酶存在的情况下,它可与对羟基苯乙酸、对羟基苯丙酸、高香草酸、酪胺或 $4,4',4'',4'''$-四氨基铝酞菁反应,生成强荧光的产物,分析方法则基于测量荧光产物生成的速率。上述 NADH 或 H_2O_2 的这些耦合反应,也可用于底物的分析。

由于 N-苯氧羰基-L-苯丙氨酸-β 萘酚酯释放出 β-萘酚而使荧光增强,因此已用于测定 α-胰凝乳蛋白酶的活性。在 pH8 的溶液中,人血白蛋白催化某些芳基酯底物如醋酸萘酚 AS 的水解反应,该反应为溴化十六烷基三甲铵所活化,在 $\lambda_{ex} = 320nm$、$\lambda_{em} = 500nm$ 监测产物的荧光,可用于人体人血白蛋白的测定,检测限达 14×10^{-12} mol。

2. 底物的测定

血清中葡萄糖的荧光动力学测定,基于以下反应:

$$\text{葡萄糖} + \text{ATP} \overset{\text{HK}}{\rightleftharpoons} \text{ADP} + \text{葡糖-6-磷酸} \tag{6-12}$$

$$\text{葡糖-6-磷酸} + \text{NAD} \overset{\text{G-6-PDH}}{\rightleftharpoons} \text{6-磷酸葡糖酸} + \text{NADH} \tag{6-13}$$

HK 代表己糖激酶,G-6-PDH 代表葡糖-6 磷酸脱氢酶。NADH 生成的速率正比于葡萄糖的浓度。

葡萄糖的测定也可采用以下方法:在 pH = 7.0 的磷酸盐缓冲溶液中,葡萄糖在葡萄糖氧化酶的作用下反应生成 H_2O_2。所生成的 H_2O_2 在过氧化物酶的模拟酶四磺基铁酞菁(FeTSPC)的催化作用下,与对羟基苯丙酸反应生成强荧光的产物双-p,p'-羟基苯丙酸,然后在 pH11 的 NH_3-NH_4Cl

缓冲溶液中,检测产物的荧光($\lambda_{ex}=324nm$,$\lambda_{em}=409nm$)。

由于 7-α-羟基类固醇脱氢酶存在下羟基胆汁酸为 R-NAD' 所氧化而产生 NADH,因此可用于血清中鹅胆酸的测定。

Radke 等曾提出用积分响应曲线的办法以进行葡萄糖和乙醇等底物及肌酸激酶的测定,这种办法可以应用于许多非理想的动力学响应情况。

Cordek 等提出了一种测定谷氨酸的微传感器。谷氨酸脱氢酶(GDH)通过共价结合的办法被直接固定在光纤探针的表面,被固定的 GDH 显示了更高的酶促活性。通过检测谷氨酸与 NAD^+ 之间反应产物 NADH 的荧光,可以检测浓度低至 $0.22\mu mol/L$(绝对质量检测限为 3amol),传感器的选择性和稳定性好。Liu 和 Tan 等用类似的方法将乳酸脱氢酶固定在光纤探针的表面,制备了乳酸的微传感器。被固定化的酶同样显示更高的活性,通过检测乳酸与 NAD^+ 之间反应产物 NADH 的荧光,对乳酸的检测限为 $0.5\mu mol/L$(绝对质量检测限为 8.75amol)。该传感器的重现性和选择性高,已用于食物试样中乳酸的测定。Zhang 等提出了一种由乳酸氧化酶和乳酸脱氢酶组成酶层的双酶光纤生物传感器,用于丙酮酸盐的测定,其灵敏度比相应的单酶系统高。

3. 活化剂或抑制剂的测定

M^{2+} 可活化异柠檬酸脱氢酶,借此可测定血浆中浓度低至 $10^{-6}mol/L$ 的镁。只有 Mg^{2+} 和 Mn^{2+} 小有效地活化这个酶。$10^{-5}mol/L$ 的 Hg^{2+} 或 Ag^+,$10^{-4}mol/L$ 的 Ca^{2+} 能完全抑制 Mn^{2+} 的活化作用。

Mn^{2+} 是辣根过氧化物酶(HRP)催化 2,3-二酮古洛糖酸氧化反应所需的活化剂,反应产生的 H_2O_2 在 HRP 存在下与高香草酸作用生成荧光产物。方法对 Mn^{2+} 的检测限为 $8\mu mol/L$,校正曲线范围高达 $50\mu mol/L$。

某些无机离子能参与酶催化的反应,例如,在甘油醛-3-磷酸脱氢酶存在下,砷酸盐与 D-甘油醛-3-磷酸(G3P)反应生成 1-砷-3-磷酸甘油和 NADH,可用于 $0.02\sim2\mu g/mL$ As(V)的测定。

CN^-、Cu^{2+}、Fe^{2+}、Fe^{3+}、S^{2-}、$Cr_2O_7{}^{2-}$、$SO_3{}^{2-}$、Mn^{2+}、Pb^{2+}、Co^{2+}、Cd^{2+}、Bi^{3+} 和 Be^{2+} 等无机离子对某些氧化酶活性有抑制作用,可用于动力学荧光测定。

(二)非酶的催化法

在包含荧光物质的生成或消失的非酶催化反应中,某些物质作为反应的催化剂,对催化反应有活化作用或抑制作用,借此可建立测定这些物质的荧光动力学分析法。在已开拓的这一类方法中,所使用的指示反应大多数为氧化还原反应,少数为配合物生成反应、分解反应、水解反应、光化学反应等。在所报道的方法中,绝大多数是涉及无机物(尤其是金属离子)的测定,有关有机物测定的很少。

例如,Ag^+ 提高 8-羟基喹啉-5-磺酸与过硫酸铵的反应速率,可用于 Ag^+ 的测定,线性范围为 $6ng/mL \sim 30\mu g/mL$。方法已用于 NBS 商品锌样中银的测定。在乙酸介质中和邻菲啰啉存在下,基于 Ag^+ 对过硫酸钾氧化罗丹明 6G 的反应有催化效应,可进行银的测定。方法的线性范围为 $2.00 \sim 40.00ng/25mL$,检出限为 $5.80 \times 10^{-2}\mu g/L$,30 多种常见离子基本上不干扰测定,方法可用于茶叶、阳极泥和水样中银的测定。

基于碱性介质中和三乙醇胺(活化剂)存在下 Co^{2+} 对 H_2O_2 氧化还原型荧光素的催化作用,可测定维生素 B_{12} 中的痕量钴。线性范围为 $0.08 \sim 1.40ng/mL$,检测限为 $0.016ng/mL$。

Cu^{2+} 催化 $2,2'$-二吡啶甲酮腙与 H_2O_2 的反应,已用于食物(大米、香蕉、梨)和血清中铜的测定。Cu^{2+} 催化 L-抗坏血酸被空气氧化为脱氢抗坏血酸(DDA),随后 DDA 与邻苯二胺反应生成荧光产物,可用于铜的测定。方法的线性范围为 $0 \sim 8\mu g/L$,检测限为 $0.06\mu g/L$,已用于江水和雨水中铜的测定。Cu^{2+} 催化 H_2O_2 氧化核固红的反应可用于 Cu^{2+} 的测定,工作曲线的线性范围为 $0 \sim 0.4\mu g/25mL$,检测下限为 $0.1ng/mL$,已用于人发样品的分析。微量 Cu(Ⅱ)的存在能大大增敏茚三酮-H_2O_2 反应体系的荧光,据此建立了 Cu(Ⅱ)的催化荧光分析法,方法的线性范围为 $10^{-11} \sim 10^{-6}g/mL$,检出限达 $7.4 \times 10^{-12}g/mL$,已用于人发和中药中铜的测定。

基于 Fe^{3+} 对 H_2O_2 氧化 2-羟基苯甲醛缩氨基硫脲反应的催化作用,监测荧光产物 ($\lambda_{ex} = 365nm, \lambda_{em} = 440nm$) 可测定 ng 量的铁,方法已用于合金和矿物中铁的测定。利用 Fe^{3+}、Mn^{2+} 对该反应的不同催化能力,可用差示催化动力学法同时测定铁和锰。Fe^{3+} 催化 H_2O_2 氧化糠醛缩 7-氨基-8-羟基喹啉-5-磺酸生成强荧光产物 ($\lambda_{ex}/\lambda_{em} = 330nm/405nm$)),可用于铁的测定。线性范围为 $0.0 \sim 40.0\mu g/L$,检测下限为 $4.68ng/L$,方法已用于铸造铝合金中 Fe(Ⅲ) 的测定。Fe(Ⅲ) 与四乙撑五胺协同催化 H_2O_2 氧化还原型二氯荧光素的反应,已被用于痕量铁的测定,方法的线性范围为 $0.01 \sim 0.30\mu g/25mL$,检出限为 $0.13mg/mL$,已用于人发、指甲、血清和面粉中痕量铁的测定。

Cr(Ⅵ)延长了 F^{2+} 催化 H_2O_2 氧化吡哆醛反应的诱导期,但不影响被催化的反应速率,通过测量诱导期和反应的初始速率,可同时测定 Cr(Ⅵ)和 Fe^{2+}。根据 Cr(Ⅵ)对利凡诺光氧化反应的催化作用,已建立 Cr(Ⅵ)的光化学荧光催化动力学分析法,线性范围为 1～200ng/mL,检出限为 0.99ng/mL,已用于池塘水和污水中 Cr(Ⅵ)的测定。利用 Cr(Ⅵ)、V(Ⅴ)对溴酸钾氧化还原型罗丹明 B 荧光反应的催化作用,可进行 Cr(Ⅵ)和 V(Ⅴ)的催化荧光法测定。

在碱性介质中,利用 Hg(Ⅱ)对 2,2′-二吡啶甲酮腙氧化反应的催化作用可进行汞的测定。基于 Hg(Ⅱ)和 Cu(Ⅱ)分别对 2,2′-二吡啶甲酮腙(2,2′-dipyridylkctone hydrazone)和二吡啶二酮苯腙(dipyridyldiketone phenylhydrazone)氧化反应的催化作用,应用流动注射停流技术,可进行 Hg(Ⅱ)和 Cu(Ⅱ)的同时测定。

基于 Ir(Ⅲ)对 KIO$_4$ 氧化罗丹明 6G 反应的催化效应,可进行 Ir(Ⅲ)的流动注射催化荧光法测定,方法的线性范围为 6.0～60.0μg/L,检测限为 2.0μg/L。

基于 Mn^{2+} 催化 2-羟基萘甲醛缩氨基硫脲与 H_2O_2 的反应,可以检测 ng 量的锰($\lambda_{ex}=390$nm,$\lambda_{em}=450$nm),已用于酒中锰的测定。基于 Mn(Ⅱ)催化 KIO$_4$ 氧化罗丹明 6G 的反应(氨三乙酸作活化剂),可进行 Mn(Ⅱ)的测定。方法的线性范围为 0.04～1.00ng/mL,检测限为 0.018ng/mL,已用于人发、尿、鱼和水等试样中 Mn(Ⅱ)的测定。Mn(Ⅱ)催化 NaIO$_4$ 氧化 8-羟基喹啉-5-磺酸铝的荧光淬灭反应,已用于茶叶、矿样中锰的测定,方法的线性范围为 5～200ng/mL,检测限为 1ng/mL。以氨三乙酸作活化剂、Mn(Ⅱ)催化 KIO$_4$ 氧化藏花红的反应,已用来进行自来水和茶叶中 Mn(Ⅱ)的测定,方法的线性范围为 0～80ng/25mL,检测限为 0.1ng/m。Mn(Ⅱ)催化 2-(8-羟基喹啉-5 磺酸-7-偶氮)-变色酸在碱性介质中的分解反应,已用于铝合金样品和污染硅片中痕量锰的测定,方法的线性范围为 0～0.4μg/25mL,检测限为 3.5×10^{-5}μg/mL。

Mo(Ⅳ)催化 H_2O_2 氧化 L-抗坏血酸的反应,反应产物脱氢抗坏血酸随后与邻苯二酚缩合生成发荧光的喹啉衍生物($\lambda_{ex}=350$nm,$\lambda_{em}=425$nm),方法的线性范围为 0～3μg/L,检测限为 0.04μg/L(0.2ng),已成功地应用于江水、湖水和雨水样品的分析。

应用吡哆醛 2-吡啶腙与 H_2O_2 的反应作指示反应,监测荧光产物($\lambda_{ex}=355$nm,$\lambda_{em}=425$nm)的生成速率,可以测定 0.05～0.40ng/mL 的 Pb

(Ⅱ),方法已用于食物中铅的测定。

V(Ⅴ)的催化作用缩短了溴酸盐-溴化物-抗坏血酸反应体系的诱导期。所析出的溴可以通过它对罗丹明 B 荧光的淬灭作用而加以监测。该法可测定 $0.02\sim20\mu g/mL$ 的钒。V(Ⅳ)对 H_2O_2 氧化铬变酸反应的催化作用,已用于钒的催化荧光法测定。

基于 Os(Ⅳ)对水杨基荧光酮-H_2O_2 反应体系的催化效应,已建立了高灵敏、高选择性的催化荧光分析法。方法的线性范围为 $0.008\sim0.6ng/mL$,检测限为 $0.006ng/mL$,已用于精制矿石样品的分析。

利用 Cd^{2+} 和咪唑对 Co(Ⅲ)与 $\alpha,\beta,\gamma,\delta$-四(4-磺苯基)卟吩:T(4-SP)P 的配合物生成反应的催化作用,通过监测 T(4-SP)P 荧光强度的减弱,可进行镉的催化荧光法测定。方法的线性范围为 $0\sim16ng/mL$,测定下限为 $0.5ng/mL$,已用于铅锌矿区废水样中镉的测定。

基于 Au(Ⅲ)对 Hg(Ⅰ)-Ce(Ⅳ)氧化还原体系的催化作用,已建立了 Au(Ⅲ)的停流注射催化荧光分析法。

基于 Ru(Ⅲ)对 $KBrO_3$ 氧化罗丹明 6G 反应的催化作用,已建立了测定钌的催化动力学流动注射荧光分析法,方法的线性范围为 $2.0\sim60.0\mu g/L$,检测限为 $0.8\mu g/L$。

在六亚甲基四胺存在的情况下,F^- 能提高 Al(Ⅲ)-羊毛铬红 B 荧光配合物的形成速率,据此建立了测定 F^- 的流动注射荧光法,方法的线性范围为 $1\times10^{-6}\sim2\times10^{-4}mol/L$,检测限为 $10\mu m/L$,方法已成功地应用于自来水和矿物水中 F^- 的测定。

CN^- 催化溶解氧氧化 5-磷酸吡哆醛草酰二踪的反应,可用于 $3\sim180ng/mL$ CN^- 的测定($\lambda_{ex}=350nm,\lambda_{em}=420nm$),该法已用于工业水中 CN^- 的测定。CN^- 存在下,由于 CN^- 与 Cu^+ 的络合能力强,使得 Cu^{2+} 可以将硫胺素氧化为硫胺荧,该体系可用于 CN^- 的测定,方法的线性范围为 $0\sim1.0\mu g/mL$,灵敏度为 $0.001\mu g/mL$,已用于环境水样的分析。

在磷酸介质中碘能催化过碘酸钾氧化罗丹明 6G 的荧光淬灭反应,据此建立了催化荧光法测定痕量碘的新方法。方法的检出限为 $0.019mg/L$,线性范围为 $0.020\sim0.80mg/L$,可直接用于加碘食盐、海带、紫菜和盐酸胺碘酮药片中碘的测定。

基于 Br^- 催化 H_2O_2 氧化罗丹明 B 的反应,可用于 Br^- 的催化荧光法测定,方法的线性范围为 $5\sim35\mu g/25mL$,检出限为 $0.85\mu g/25mL$。

在稀硫酸介质中,基于甲醛催化溴酸钾氧化丁基罗丹明 B 的荧光淬灭反应,建立了甲醛的荧光动力学分析法,线性范围为 $20\sim160\mu g/L$,检出限为 $5.8\mu g/L$,已用于树脂整理特殊织物中痕量甲醛的测定。类似地,基于甲醛催化 $KClO_3$ 氧化丁基罗丹明 B 的荧光淬灭反应所建立的甲醛的测定方法,线性范围为 $0.01\sim2.45\mu g/mL$,检出限为 $3.8\times10^{-9}g/mL$,已用于湖水、饮料和漆料中甲醛的测定。

利用活化效应或抑制(阻化)效应来进行测定的物质有如下报道。基于 Br^- 对溴酸钾氧化罗丹明 6G 反应的抑制作用,建立了 Br^- 的荧光动力学测定法,检出限 $1.2ng/mL$,线性范围 $1.2\sim24ng/mL$,已用于化学试剂 Na_2SO_4、湖水和血清中痕量 Br^- 的测定。基于在磷酸介质中溴对溴酸钾氧化丁基罗丹明 B 反应的抑制作用,建立了痕量溴的动力学荧光分析法,检出限 $0.075\mu g/L$,线性范围 $0.40\sim6.40\mu g/L$,已用于地下水、人发中溴的分析。在磷酸介质中,Br^- 抑制溴酸钾氧化吡啰红 B 的反应,据此建立了测定痕量溴的动力学荧光分析法,检出限为 $0.11\mu g/L$,线性范围 $0.36\sim4.33\mu g/L$,已应用于湖水、血清中溴的分析。

微量 I^- 离子对亚硝酸根催化溴酸钾氧化吡啰红 B 的反应有显著的抑制作用,据此建立的微量 I^- 离子的动力学荧光分析法,方法的线性范围分别为 $4\sim200\mu g/L$ 和 $3\sim40\mu g/L$,检出限分别为 $2.8\mu g/L$ 和 $1.6\mu g/L$,已用于食品中微量碘的测定。

在 Britton-Robinson 缓冲溶液中,单宁对 $Cu(II)$ 催化过氧化氢氧化吡咯红 Y 有活化作用,据此建立的单宁的荧光动力学测定法,线性范围 $0.06\sim0.96mg/L$,检出限为 $0.032mg/L$,方法已用于茶叶中单宁的测定。

基于糅酸对 $Cu(II)$ 催化 H_2O_2 氧化罗丹明 B 的活化作用,提出了测定痕量糅酸的荧光动力学分析法,方法的线性范围为 $0.04\sim0.72mg/L$,检出限为 $0.025mg/L$,方法已成功地用于茶叶中鞣酸含量的测定。

基于在高氯酸介质中柠檬酸能抑制铁(III)催化 H_2O_2 氧化吡咯红 Y 的反应,建立了测定柠檬酸的动力学荧光分析法,线性范围为 $0.12\sim2.4\mu g/mL$,检出限为 $0.05\mu g/mL$,方法已用于汽水中柠檬酸的测定。

作为反应物加以测定的例子有:在溴化十六烷基三甲铵(CTAB)的胶束介质中,基于氰化物催化吡哆醛-5-磷酸酯的空气氧化反应,已建立了吡哆醛-5-磷酸酯的流动注射荧光测定法。类似的反应体系已用于建立吡哆醛(PAL)和吡哆醛-5-磷酸酯(PALP)同时测定的动力学分析法。由 PAL-氧化物反应和 PALP-氰化物反应所生成的荧光产物[分别为 4-pyridoxo-lactone(PL)和 4-pyr-idoxic acid 5-phosphate(PAP)],富集在胶束的表面,这一局部的富集效应提高了它们的量子产率,造成表观增大的反应速率。由于 PL 和 PAP 对 CTAB 的结合常数不同,因此胶束介质不同程度地加速了 PAL-氰化物和 PALP-氰化物这两个反应体系而导致动力学的差异。

(三)非催化法

1. 无机物的测定

Al^{3+} 与 8-羟基喹啉-5-磺酸或 2-羟基-1-萘甲醛对-甲氧苯酰腙的配合反应,提供了铝的灵敏的动力学测定法。其测定范围前者为 $0.4ng/mL\sim10\mu g/mL$,后者为 $0.5ng/mL\sim0.27\mu g/mL$。在 80℃、六亚甲基四胺缓冲体系中和氟化物的敏化下,以羊毛铬红 B 为试剂而建立的 Al(Ⅲ)的流动注射荧光测定法,线性范围高达 $1000\mu g/L$,检测限为 $0.1\mu g/L$,已成功地应用于自来水和矿物水中铝的测定。

测定 Ce^{4+} 与 1,5-二苯基-3-(2-苯乙烯基)-Δ^2-吡唑啉反应的初始速率($\lambda_{ex}=360nm,\lambda_{em}=510nm$),可测定 $0.04\sim0.2\mu g/mL$ 铈。V(Ⅴ)氧化 1,3,5-三苯基-Δ^2-吡唑啉的反应,已用于 $0.03\sim0.15\mu g/mL$ 钒的测定。在适当位置取代的羟基或氨基蒽醌,也能与 V(Ⅴ)及 Ce^{4+} 等一些氧化剂反应生成强荧光产物,可用于 V(Ⅴ)和 Ce^{4+} 的动力学荧光测定。

利用 Pd^{2+} 或 Ni^{2+} 与某些有机试剂配合后减小试剂的游离浓度从而降低了该试剂被氧化为荧光产物的速率,可以测定 $\mu g/mL$ 浓度的钯或镍。

以玫瑰红 B 为试剂,用光子活化,建立了测定钢和其他合金中锡含量的动力学分析法,线性范围为 $0.0\sim17mg/mL$,金属离子或氧化还原剂不干扰测定。

应用 Cu(Ⅱ)和 Zn(Ⅱ)结合到卟啉的反应,建立了 Cu(Ⅱ)和 Zn(Ⅱ)的动力学荧光测定法,两者的校正曲线的线性范围均为 $0\sim1.0\times10^{-5}mol/L$;以 $Na_2S_2O_2$ 作为掩蔽剂,可在 10 倍过量 Cu(Ⅱ)存在下测定微摩尔浓度的 Zn(Ⅱ)。

基于在硫酸溶液中硫氰酸根对溴酸钾氧化罗丹明 B 反应的抑制效应,建立了硫氰酸根的动力学荧光测定法,方法的检测限为 $1.63\times10^{-4}mmol/L$,线性范围为 $4.82\times10^{-6}\sim4.13\times10^{-5}mmol/L$,已用于尿样和唾液中痕量硫氰酸根的测定。

2. 有机物的测定

有机磷和有机羰基化合物已用动力学法加以测定。与过氧化物反应时,五价磷化合物生成过磷酸盐,后者可氧化荧光底物;有机羰基化合物也容易生成能与荧光底物反应的过氧阴离子。

色氨酸在 pH10.8 介质中与甲醛反应生成荧光产物,已用于食品和饲料中色氨酸的动力学测定,测定范围为 2～100nmol/mL。与公认的鲁哈曼(Norharman)法比较,证明了动力学法的准确度。

基于在碱性介质中硫胺素被 Hg^{2+} 氧化为硫胺荧的反应,可进行硫胺素的动力学测定,线性范围为 $2×10^{-8}$～$1×10^{-4}$ mol/L,方法已成功地应用于多种维生素片和谷类试样中硫胺素的测定。

在十二烷基硫酸钠存在下的碱性溶液中,可用百草枯-抗坏血酸-甲苯紫(cresyl violet)的反应体系进行百草枯的动力学荧光法测定,工作曲线的线性范围为 6～500ng/mL,检测限为 1.8ng/mL,已用于自来水、牛奶和白酒样品中百草枯的测定。

借助甲醛与乙酰丙酮的反应,建立了基于停流技术的甲醛的荧光动力学测定法($\lambda_{ex}/\lambda_{em}$＝410nm/510nm),线性范围为 20～1000ng/L,已用于空气中甲醛的测定。作者认为所提出的测定方法,比已被广泛接受的标准方法更为灵敏、快速,重现性更好,更易于使用。

表面活性剂十二烷基硫酸钠使甲苯紫的荧光淬灭,麸朊(ghadin)与十二烷基硫酸钠的反应消除了十二烷基硫酸钠对甲苯紫的荧光淬灭,使体系的荧光恢复,据此建立了麸朊的停流混合动力学荧光测定法。这种噁嗪染料的应用,可在长波区进行动力学荧光测定,从而避免了来自样品的潜在干扰,且方法快速,适合于食物样品中麸朊的例行测定。方法的线性范围为0.5～50mg/mL,检测限为 0.25mg/mL。十二烷基硫酸钠-甲苯紫的体系也已用于药物样品中溶解酵素的测定,氯化溶解酵素(lysozyme hydrochloride)测定的线性范围为 0.5～50μg/mL,检测限为 0.9μg/mL。已报道了牛奶和食物样品中总酪蛋白测定的动力学荧光分析法,该法应用吲哚花菁绿(indocyanine green)-溴化十六烷基三甲铵-酪蛋白反应体系,借助酪蛋白与表面活性剂之间的静电相互作用,消除了表面活性剂对染料的荧光淬灭作用,以致荧光强度随时间的增量直接与酪蛋白的浓度相关,采用停流混合技术和长波荧光测量进行测定,线性范围为 3～100μg/mL,检测限为0.9μ/mL。

采用停流混合技术结合 T-格式(T-format)的荧光分光光度计,已建立了牛奶中氨苄青霉素和四环素同时测定的荧光测定法。氨苄青霉素的测定是基于它在青霉素酶存在下水解转化为 α-aminobenzylpenicilloate,并与氯化汞形成荧光产物;四环素的测定则是基于噻吩甲酰三氟丙酮(TTA)存在下由四环素到 Eu(Ⅲ)的分子内能量转移。

基于胭脂红酸对 Triton X-100 存在下 Eu(Ⅲ)-diphacinone-氨体系的荧光有抑制效应,建立了胭脂红酸的停流混合动力学测定法,可用于橙饮料中胭脂红酸的例行分析,方法的线性范围为 0.5～15mg/mL。

灭鼠剂 Pindone 对溴化十六烷基三甲铵存在下 Eu(DT)-噻吩甲酰三氟丙酮体系发光的抑制效应,已用于毒饵中 Pindone 的动力学荧光测定。方法采用时间分辨的测量模式,配合停流混合技术。Pindone 测定的线性范围为 0.1～10.0μg/mL,检测限为 0.04μg/mL。

时间分辨镧系敏化发光也已用于对-氨基苯甲酸的动力学测定。方法基于在氯化三辛基膦作为增效剂和 Triton X-100 作为胶束介质的条件下,对-氨基苯甲酸与 Tb(Ⅲ)形成配合物。由于配合物的形成速率高,需要采用停流混合技术。方法的线性范围为 0.08～4.0μg/mL,检测限为 0.02μ/mL,已用于药剂样品的分析。借助停流混合技术,联合使用动力学测量和平衡测量,基于碱性介质中溴化十六烷基三甲铵的阳离子和水杨酸(或 Diflunisal)-Tb(Ⅲ)-EDTA 三元络阴离子之间形成离子缔合物,由水杨酸或 Diflunisal 到 Tb(Ⅲ)的分子内能量转移而产生发光,已建立了血清中水杨酸和 Diflunisal 同时测定的动力学荧光测定法。方法的线性范围宽,检测限在 ng/mL 范围,水杨酸和 Diflunisal 的比率在 6∶1 到 1∶12 之间能满意地加以分辨。

基于铁氰化物氧化扑热息痛(N-乙酰基对氨基苯酚)的反应,建立了扑热息痛的停流动力学荧光测定法,校正曲线的线性范围为 0.5～15.0mg/mL,已用于药品制剂的分析。

丙二醛与硫代巴比妥酸反应生成荧光产物($\lambda_{ex} = 515$nm,$\lambda_{em} = 553$nm),已用于丙二醛的荧光动力学测定,方法的检测限达 0.3ng/mL,测定范围为 1.1～50ng/mL,已用于风湿和高血脂病人血清样品的分析。为了进一步提高该法的灵敏度,有作者提出应用羟丙基-β-环糊精作为荧光增强剂,使荧光增强了 5 倍,丙二醛的动力学荧光测定法的测定范围为 0.1～10μmol/L,已用于生的和熟的肉类样品的分析。在 pH4.0(NaAc-HAc 缓冲溶液)、甲胺浓度 10mmol/L、2-丙醇体积分数 30% 和 75℃ 的反应条件下,丙二醛与甲胺经由 Hanztsch 反应生成荧光产物(1,4-disubstituted-1,4-dihydropyridine-3,5-dicarbaldehyde,$\lambda_{ex?}=405nm,\lambda_{em}=470nm$),据此建立了丙二醛的动力学荧光测定法,丙二醛测定的浓度范围为 $0.5\sim 2.8\mu g/mL$,已用于橄榄油中丙二醛的测定。

光解作用也已应用于维生素 B_2 和维生素 K 的测定。用紫外光照射时,维生素 B_2 的荧光衰变速率与浓度成正比。通过将维生素 B_2 萃入丁醇和吡啶中,可测定血液中微量的维生素 B_2。维生素 K 不发荧光,但在乙醇中用 365nm 紫外线照射时,发生光解作用生成荧光产物($\lambda_{em}=431nm$),用动力学方法测定,检测限达 5ng/mL。

第四节 三维荧光光谱分析法及其应用

一、方法原理

普通荧光分析所测得的光谱是二维谱图,包括固定激发波长而扫描发射(即荧光测定)波长所获得的发射光谱和固定发射波长而扫描激发波长所获得的激发光谱。但是,实际上荧光强度应是激发和发射这两个波长变量的函数。描述荧光强度同时随激发波长和发射波长变化的关系图谱,即为三维荧光光谱。

二、仪器设备

获取三维荧光光谱,最简单的办法是应用常规的荧光分光光度计首先获取各个不同激发波长下的发射光谱,如激发波长每增加 5nm 或 10nm 即测绘一次发射光谱,然后利用所获得的一系列光谱数据,用手工绘出等角三维投影图或等高线光谱。这样的办法十分费时,实际意义小。进一步的改进则是采用联用微机的快速扫描荧光分光光度计,每次在保持一定的激发波长增量条件下,重复进行发射波长的扫描,并将所获得的发光强度信号输入计算机进行实时处理和作图。

采用快速机械扫描的办法,多数情况下会遇到再现性和信噪比损失的问题,因而,更可取和比较先进的办法是采用电视荧光计(videofluorome-ter)。这种技术的特点是采用多色光照射样品,应用二维多道检测器(如硅增强靶光导摄像管检测器)检测荧光信号,并使系统与小型计算机联结以进行操作控制和实时的数据采集与运算。

现以 Johnson 等设计的电视荧光计为例加以简要介绍。该仪器由正交多色器、电视检测器和计算机接口等部件所组成,能自动获得激发和发射波长范围为 240nm 的 EEM 谱图,其空间分辨率为每点 1nm,所费时间约为 16.7ms。

用功率 150W 的氙灯作为连续光源,激发单色器入口狭缝的长轴垂直于样品池的长轴,出口狭缝除去,这样,光源的连续辐射经激发单色器色散后,出射在出口狭缝平面位置上的便是一条波长宽度达 260nm 的垂直色散的多色光带,然后聚焦在样品池的中心。假定样品池中盛有一种激发光谱和发射光谱的荧光化合物溶液,经多色光照射后,沿着样品池的长轴方向上便产生了 3 条颜色相同的光带,其波长相应于试样的 3 个激发带。这些光带再经发射单色器色散,由于发射单色器的入口狭缝长轴平行于样品池的长轴,而出口狭缝同样已被除去,因而原来的 3 条颜色相同的光带,每条都被水平地色散为 3 个不同颜色的光斑(相应于 3 个发射带),结果便显现 9 个荧光斑点。

检测器采用配有硅增强靶(SIT)光导摄像管的电视照相机(television camera),SIT 光导摄像管附有对紫外线透射性能较好的光导纤维面板。

三、方法应用

(一)光谱指纹技术

由于三维荧光光谱反映了发光强度同时随激发波长和发射波长变化的情况,因而能提供比常规荧光光谱和同步荧光光谱更完整的光谱信息,可作为一种很有价值的光谱指纹技术。这种技术,在临床化学方面,已用于某些癌细胞的荧光代谢物的检测,以区分癌细胞与非癌细胞,用人类血浆的三维荧光光谱作为临床化学中一种新的图形识别法以协助临床诊断,以及用于某些细菌的鉴别。

人体血液是由多种成分组成的,但其中只有几种成分对血液的总荧光有显著贡献。当人体健康情况出现问题时,血液的三维荧光光谱的近紫外和可见部分便会发生显著的变化,与健康者的血液的三维荧光光谱有较大的偏离,可供临床诊断参考。如一个犯有黄疸病的病人,在其血液的三维荧光光谱中,胆红素的荧光峰显得特别强,以致覆盖了其他荧光组分的峰。这种技术对于快速筛选血液中未知的药物也具有应用的可能性。

某些假单胞菌在各种生长条件下能产生发荧光的色素,在取得它们的等高线光谱数据后,可提供选择性鉴别和表征这些假单胞菌的光谱指纹。某些不产生荧光色素的细菌,也可应用荧光染料混合物进行荧光染色,利用不同细菌对不同染料的选择性吸附或相互作用,将染料的荧光光谱特性导入细菌。将染色的细胞除去后,取含剩余染料混合物的上层清液来测绘等高线光谱,从而可对细菌进行表征和鉴别。

(二)作为光化学反应的监测器和高效液相色谱的检测器

由于电视荧光计能在极短时间内取得测量体系的三维荧光光谱,方法灵敏快速,且可以同时监测体系中各种物质的反应情况,也可用以提供鉴定未知物的信息,因而对化学反应的多组分动力学研究具有独特的优点,已用于蒽在多氯代链烷中的光诱导反应的研究。

将电视荧光计连接到高效液相色谱仪,可进行流出液的实时荧光检测。这种检测办法,对芘的检测限达 1ng,线性动态范围达 2 个数量级以上。苯并[a]芘和苯并[e]芘两者的色谱保留时间图有很大重叠,用选择性荧光监测,能够在光谱上分离并加以定量,已用于页岩油这种复杂混合物中苯并[a]芘的分析。

电视荧光计与应用光电倍增管检测的荧光分光光度计相比,灵敏度低一些,但可采用多次扫描平均和靶积分的技术而加以补偿。不过,这种办法需要延长数据获得的时间,用高效液相色谱分离作检测器时会受到限制。这时,可采用傅立叶变换滤波(Fourier transform filtering)的数据平滑技术,以消除噪声在数据系列中的影响。

参考文献

[1]伍惠玲.分析化学中分析方法研究新进展[M].北京:中国原子能出版社,2020.

[2]田杏霞.N型原子系统原子相干特性研究[M].长春:吉林大学出版社,2020.

[3]伊正君,杨清玲.临床分子生物学检验技术[M].武汉:华中科技大学出版社,2020.

[4]王彬彬.新型咔唑取代卟啉配合物研究[M].徐州:中国矿业大学出版社,2020.

[5]熊志立.分析化学[M].北京:中国医药科技出版社,2019.

[6]熊维巧.仪器分析[M].成都:西南交通大学出版社,2019.

[7]张莉,赵士铎.定量分析简明教程[M].南京:中国农业大学出版社,2019.

[8]李志富,颜军.仪器分析实验[M].武汉:华中科技大学出版社,2019.

[9]邹世春,杨颖.海洋仪器分析[M].广州:中山大学出版社,2019.

[10]邓海山,张建会.分析化学实验[M].武汉:华中科技大学出版社,2019.

[11]李连庆.仪器分析创新实验[M].北京:北京理工大学出版社,2019.

[12]石文兵.基于量子点的荧光生物与化学传感器及其环境分析应用[M].长春:东北师范大学出版社,2018.

[13]谢春娟.复合荧光二氧化硅纳米颗粒的制备及其在生物分析和光催化降解中的应用[M].哈尔滨:东北林业大学出版社,2018.

[14]李金惠,郑莉霞.废荧光灯管收集和回收处理政策研究[M].北京:中国环境科学出版社,2018.

[15]刘晓星.现代仪器分析[M].大连:大连海事大学出版社,2018.

[16]包晓玉,张廉奉.分析实验技术[M].开封:河南大学出版社,2018.

[17]王琪,周全法.有色金属分析技术[M].南京:江苏凤凰科学技术出版社,2018.

[18]宋沁馨,吴春勇.药物分析进展第2版[M].南京:江苏科学技术出版社,2018.

[19]彭红,文红梅.药物分析第2版[M].北京:中国医药科技出版社,2018.

[20]庹先国.X射线荧光分析系统技术原理和应用[M].北京:原子能出版社,2017.

[21]陈世界,李英杰.水中新兴微污染物和重金属的荧光分析及处理[M].哈尔滨:哈尔滨工业大学出版社,2017.

[22]贡济宇.药物分析[M].北京:中国中医药出版社,2017.

[23]李明梅,吴琼林.分析化学[M].武汉:华中科技大学出版社,2017.

[24]李银环.现代仪器分析[M].西安:西安交通大学出版社,2017.

[25]卢士香.仪器分析实验[M].北京:北京理工大学出版社,2017.

[26]何树华,张福兰.无机及分析化学实验[M].成都:西南交通大学出版社,2017.

[27]汤安.白光LED用红色荧光粉发光性能研究[M].北京:知识产权出版社,2016.

[28]秦子平,杨联敏.分析化学实验技术[M].西安:第四军医大学出版社,2016.

[29]余邦良,宋玉光.仪器分析实验指导[M].北京:中国医药科技出版社,2016.

[30]吕玉光.仪器分析在线学习版[M].北京:中国医药科技出版社,2016.

[31]陶美娟,梅坛.材料化学分析实用手册[M].北京:机械工业出版社,2016.

[32]罗立强,詹秀春.X射线荧光光谱分析[M].北京:化学工业出版社,2015.

[33]安利民.含镉量子点的荧光性质[M].哈尔滨:黑龙江大学出版社,2015.

[34]郭兴杰,白小兵.分析化学[M].北京:中国医药科技出版社,2015.

[35]应敏,郭智勇.分析化学实验[M].杭州:浙江大学出版社,2015.